近岸海水养殖池塘 水生生物多样性图鉴

赵文 王珊 魏杰 郭凯 著

U0209533

中国农业出版社

北京

内容简介

　　本书以作者近5年来自行拍摄的光学显微镜原色图片形式介绍我国近岸海水养殖池塘常见的水生生物，并对各物种的分类地位、主要形态特征、分布特点进行概要描述，对一些物种按新的分类学观点进行更名。书后附有物种索引和主要参考文献便于查阅。

　　本书可供水产养殖学、海洋生物学、生态学、环境科学等领域的科研工作者、相关从业者及相关专业院校的师生参考。

FOREWORD 前言

　　海水水产养殖从业者及相关专业院校的师生缺少系统性介绍常见水生生物的图鉴，但是获得并系统地整理水生生物图鉴不是一朝一夕能做到的。基于此需要，本书作者从近5年于黄渤海近岸采集拍摄的大量物种图片中筛选出500余种常见生物的图片，用图鉴的形式加以介绍。

　　当今藻类分类体系已有了很大改动。按照新分类体系，藻类目前分10个门类：①蓝细菌Cyanobacteria；②灰色藻门Glaucophyta；③红藻门Rhodophyta；④绿藻门Chlorophyta（包括真绿藻纲Prasinophyceae、轮藻纲Charophyceae、石莼纲Ulvophyceae、绿藻纲Chlorophyceae）；⑤裸藻门Euglenophyta；⑥甲藻门Dinophyta；⑦顶复门Apicomplexa；⑧隐藻门Cryptophyta；⑨异鞭藻门Heterokontophyta（包括金藻纲Chrysophyceae、黄群藻纲Synurophyceae、真眼点藻纲Eustigmatophyceae、脂藻纲Pinguiophyceae、硅鞭藻纲Dictychophyceae、浮生藻纲Pelagophyceae、迅游藻纲Bolidophyceae、硅藻纲Bacillariophyceae、针胞藻纲Raphidophyceae、黄藻纲Xanthophyceae、褐枝藻纲Phaeothanmiophyceae、褐藻纲Phaeophtceae）；⑩普林藻门Prymnesiophyta。但为了方便读者查阅，本书仍按照原有体系进行编写。

　　海水养殖池塘生境受所在地区气候、养殖种类、养殖模式等影响，池塘水生生物种类多样性变化较大。海水池塘水源多来自近岸海水，由于受入海河流影响，海水池塘中水生生物除放养种类作为优势种外，还有海水种、淡水耐盐种和河口常见种。目前我国海水养殖池塘面积不等，小的仅0.07 hm^2，如凡纳滨对虾高位养殖池；大者有666.67 hm^2，如部分刺参、海蜇养殖池；多数为3.33~6.67 hm^2，如刺参养殖池。

　　由于近岸海水池塘具有海陆交错和养殖多级化的特殊性，水生生物类群多样，季节变化较大。从生态分类上看主要有浮游植物（phytoplankton）、浮游动物（zooplankton）、底栖生物（benthos）、水生大型植物（aquatic macrophytes）、鱼类（fish）等。本书从实用角度出发，以图鉴形式介绍近岸海水池塘常见的水生生物，可供养殖从业者参考使用，也可供相关科技人员和高校师生参考。

　　本书得到海洋公益性行业科研专项"规模化园区海水养殖环境工程生态化技术集成与示范"（项目号：201305005）和辽宁省特聘教授项目的支持。样品采集、拍照和文献资料得到大连海洋大学闫喜武、李晓丽、姜玉声、杨大佐、刘钢、王丽、张鹏、霍忠明、孙文山等老师和同事们的协助，研究生刘林、蔡志龙、杨淼、杨板、尹东鹏、王哲、苑俊杰等也给予样品采集和拍摄的帮助。样品采集过程中得到河北科地恩生物技术有限公司的支持和帮助，在此一并致谢。

　　由于作者水平有限，书中难免有错误和疏漏之处，敬请读者批评指正！

著　者

2021年5月

CONTENTS 目 录

第一章

浮游植物 | phytoplankton

一、蓝藻门Cyanophyta

1.线形黏杆藻 *Gloeothece linearis* Nägeli，1849

隶属蓝藻纲Cyanophyceae，聚球藻目Synechococcales，聚球藻科Synechococcaceae，黏杆藻属*Gloeothece*。藻体团块黏滑，略扩展，橄榄绿色。藻体以单细胞生活或由2～4个细胞组成群体，亦有许多细胞的胶被相互融合成不定型的群体胶被。群体胶被宽厚无色，无层理。细胞呈杆状或圆柱形，直或弯曲，两端宽圆，不包括胶被直径为1.5～2.5 μm，长为4.5～8 μm，包括胶被直径为5～6 μm，长为6～13 μm。原生质体均匀或具小颗粒，淡蓝绿色或蓝绿色。浮游或附着在水中其他物体上。

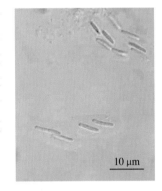

10 μm

2.聚球藻 *Synechococcus* sp.

隶属聚球藻科Synechococcaceae，聚球藻属*Synechococcus*。藻体细胞呈圆柱形、卵形或椭球形。长1.5～10 μm，宽0.4～6 μm，藻体以单细胞生活或2个细胞相连在一起，只在特殊情况下，许多细胞才聚合成团块。细胞内含物为蓝绿色或深绿色，有时含微小颗粒体。本属种类以善运动而著名。

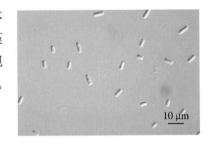

10 μm

3.银灰平裂藻 *Merismopedia glauca* (Ehrenberg) Nägeli，1849

隶属色球藻目Chroococcales，平裂藻科Merismopediaceae，平裂藻属*Merismopedia*。藻体微小。群体细胞排列较紧、整齐，细胞间隙较小，胶被均匀不明显。细胞呈球形或半球形，直径5～10 μm，内含物均匀，无颗粒，灰青色或蓝色。主要分布于淡水江河中。

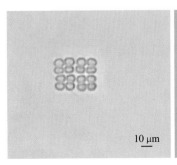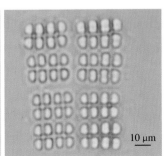

10 μm
10 μm

4. 优美平裂藻 *Merismopedia elegans* A. Braun, 1849

藻体为一层细胞组成
的平板状群体。细胞直径
11～17μm，群体内细胞非常
有规则地排列，常每2个细胞
成对存在，2对为一组，4组成
一小群体，许多小群体集合成
平板状群体。群体胶被无色、
透明而柔软，个体胶被不明显。
群体内细胞呈球形或椭球形，

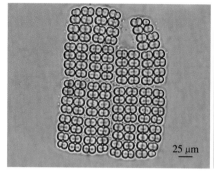 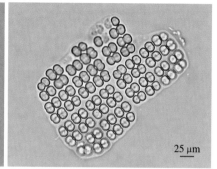

内含物均匀，淡蓝绿色至亮绿色。各种淡水水体中均常见。浮游种类，仅少数附着在其他物体上。

5. 小型色球藻 *Chroococcus minor* (Kützing) Nägeli, 1932

隶属蓝藻纲Cyanophyceae，
色 球 藻 目 Chroococcales， 色
球 藻 科 Chroococcaceae， 色 球
藻 属 Chroococcus。细胞甚小，
蓝绿色，不包括胶被直径为
3～4μm，少数可达7μm，包
括胶被达10～12.5μm，通常由
2～4个细胞组成小群体。胶被
无色透明而有所融合。原生质
体均匀，蓝绿色。

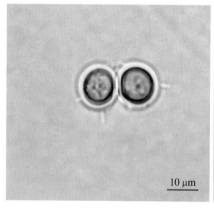 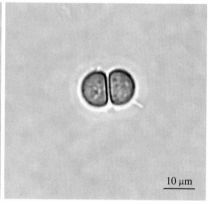

6. 膨胀色球藻 *Chroococcus turgidus* (Kützing) Nägeli, 1849

细胞球形，由胶鞘包被
2～4个半球形子细胞，细胞
彼此重叠组成群体。细胞内
原生质体同质或含小颗粒体。
原生质体通常呈亮蓝绿色或
橄榄绿色，每个细胞外都有
均质的或有层理的胶鞘，坚
固或柔弱，透明。细胞分裂
面有3个。该种为中国广布
性种，海水、淡水均有分布。
一般分布于pH较低的水体中。

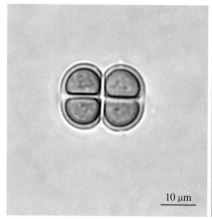 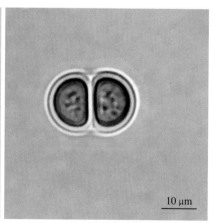

萱藻丝状体时即易被膨胀色球藻污染而造成危害。

7.湖沼色球藻盐泽变种 *Chroococcus limneticus* var. *subsalsus* G.M.Smith，1916

藻体为4～12个或更多细胞组成的群体，大群体的胶被宽厚无色，小群体的胶被薄而明显。细胞呈球形、半球形或椭圆形，不包括胶被直径为7～12 μm，包括胶被可达13 μm左右。原生质体均匀，灰色或淡橄榄绿色，有时具假空泡。分布于湖泊水库等大型水体。

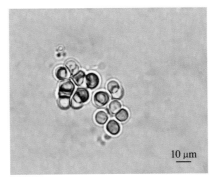
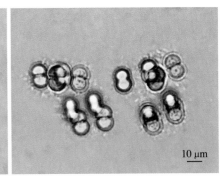

8.湖生束球藻 *Gomphosphaeria lacustris* Chodat，1898

隶属色球藻目 Chroococcales，色球藻科 Chroococcaceae，束球藻属 *Gomphosphaeria*。群体呈球形、椭球形或肾形，直径30～40 μm，常有缢缩。群体常以2～4个细胞为一组于无色透明群体胶被表面下不规则地排成一层，群体中央具放射状的双叉分枝的胶质丝。细胞呈球形或近球形，大部分长2～4 μm，宽1.5～2.5 μm。

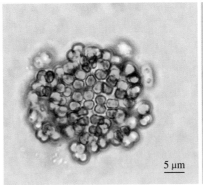
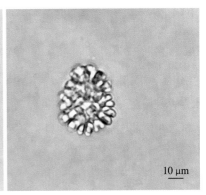

9.链状伪鱼腥藻 *Pseudanabaena catenata* Lauterbron，1915

隶属颤藻目 Oscillatoriales，伪鱼腥藻科 Pseudanabaenaceae，伪鱼腥藻属 *Pseudanabaena*。又名链状假鱼腥藻。一种丝状蓝藻，细胞长大于宽，圆柱形，宽0.5～0.8 μm，原生质体均匀，不具假空泡。藻体多由3～6个细胞构成，也有由更多细胞构成的。直或稍有弯曲，不具胶鞘，细胞横壁处有明显或不明显的收缢。常见于淡水鱼虾池、水库、河流和湖泊中，也分布于近岸海水池塘。属有毒水华藻种。

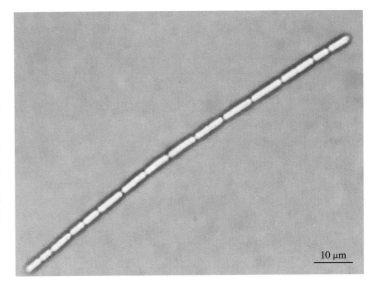

10.针晶蓝纤维藻 *Dactylococcopsis rhaphidioides* Hansgirg，1888

隶属色球藻目 Chroococcales，色球藻科 Chroococcaceae，蓝纤维藻属 *Dactylococcopsis*。藻体团块由少数细胞组成群体，自由漂浮于水中，胶被无色透明、质地均匀、含水量高。细胞的形态变化较多，多为S形、半环形，其末端狭小而尖锐。细胞直径 1.2～3 μm，长14～25 μm。原生质体均匀，蓝绿色。淡水、盐碱水体均有分布。

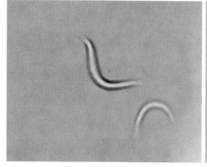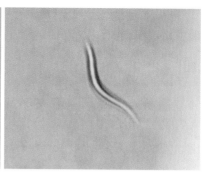

11.小细鞘丝藻 *Leptolyngbya tenuis* (Gomont) Anagnostidis & Komárek，1988

隶属蓝藻纲 Cyanophyceae，颤藻目 Oscillatoriales，伪鱼腥藻科 Pseudanabaenaceae，细鞘丝藻属 *Leptolyngbya*。旧称小席藻 *Phormidium tenue* Gomont，1892。藻体是由单列细胞组成的不分枝的丝状体，常相连成圆柱形束状群体。顶端稍尖细或大体等粗。藻体蓝绿色，鞘薄且胶化不明显。藻体直或略弯，细胞横壁处略收缢且不具颗粒。细胞宽1～2 μm，长2.5～5 μm。细胞长是宽的3倍左右。

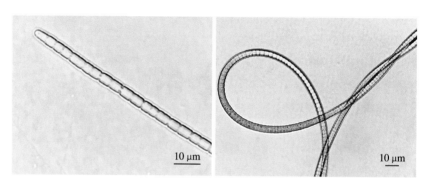

12.泥污颤藻 *Oscillatoria limosa* (Roth.) C. Agardh ex Gomont，1892

隶属颤藻目 Oscillatoriales，颤藻科 Oscillatoriaceae，颤藻亚科 Oscillatorioideae，颤藻属 *Oscillatoria*。又称丰裕席藻 *Phormidium limosum* (Dillwyn) P.C. Silva,1996。藻体为多细胞单列丝体，无胶质鞘，直行不弯曲，末端不渐尖。藻体内细胞等大，宽13～16 μm，长 2～5 μm。细胞横壁处不收缢。深蓝绿色或淡黄绿色。海水、淡水均有分布，分布较广泛。

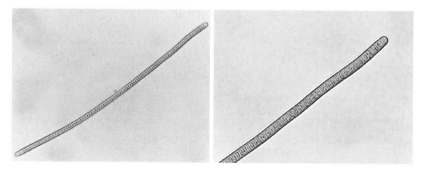

13. 巨颤藻 *Oscillatoria princeps* Vaucher ex Gomont, 1892

藻体宽 16 ~ 60 μm，为不分枝的丝状体，藻体胶质薄片状，蓝绿色或橄榄绿色。丝体直，细胞横壁处略收缢且不具颗粒，藻体顶端不尖细。内含物均匀或具颗粒，以藻殖段繁殖。

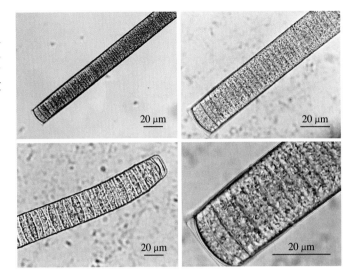

14. 小颤藻 *Oscillatoria tenuis* C.Agardh ex Gomont, 1892

藻体顶端细胞通常不尖细，细胞横壁处略收缢且两侧具多数颗粒。细胞宽度为长度的 1 ~ 2 倍。

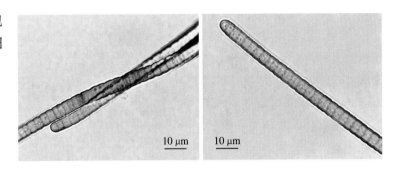

15. 两栖颤藻 *Oscillatoria amphibian* C.Agardh ex Gomont, 1892

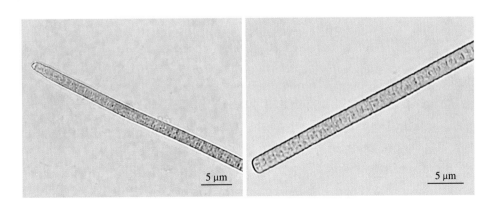

现称两栖阿丝藻 *Anagnostidinema amphibium* (C. Agardh ex Gomont) Strunecký, Bohunická, J. R. Johansen & J. Komárek, 2017。隶属颤藻目 Oscillatoriales，阿丝藻属 *Anagnostidinema*。或称两栖盖丝藻 *Geitlerinema amphibium* (C. Agardh ex Gomont) Anagnostidis, 1989。藻丝直或弯曲，横壁不收缢，宽 2 ~ 3 μm，长 4 ~ 8.5 μm，一般长为宽的 2 ~ 3 倍。末端细胞不尖细，不呈头状，呈圆形，无帽状体。

16. 丝状鞘丝藻 *Lyngbya confervoides* C.Agardh ex Gomont，1892

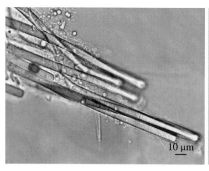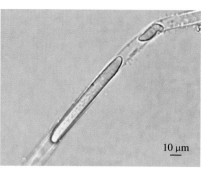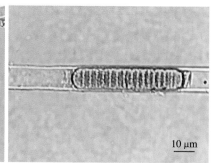

隶属颤藻目 Oscillatoriales，颤藻科 Oscillatoriaceae，颤藻亚科 Oscillatorioideae，鞘丝藻属 *Lyngbya*。藻丝体基部附着，藻体蓝绿色，黏滑，丝状，丛生。为单列细胞组成的不分枝的丝状体，细胞长 2 ~ 4 μm，宽 10 ~ 16 μm，一般长为宽的 1/8 ~ 1/3，上下直径相同。相邻细胞无缢缩，有颗粒体存在。藻丝顶端不尖细，钝圆，不呈冠状。胶鞘和藻殖段明显可见。为世界性广布种，在中国沿岸广泛分布，大多附生于潮间带高潮区至中潮区的岩石上。

17. 钝顶节旋藻 *Arthrospira platensis* (Nordstedt) Gomont，1892

隶属颤藻科 Oscillatoriaceae，螺旋藻亚科 Spirulinoideae，节旋藻属 *Arthrospira*。旧称钝顶螺旋藻 *Spirulina platensis*。藻体为多细胞组成的丝状体，有细胞横隔壁。细胞横隔壁处无颗粒。藻体呈淡蓝绿色，无藻殖段。可大量繁殖形成水华。是蛋白质含量最高的藻类。分布在淡水、半咸水和海水中。

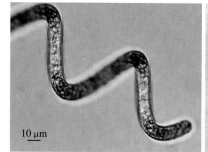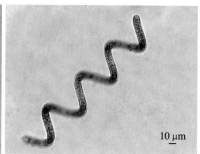

18. 大螺旋藻 *Spirulina major* Kützing ex Gomont，1892

隶属颤藻科 Oscillatoriaceae，螺旋藻亚科 Spirulinoideae，螺旋藻属 *Spirulina*。藻体为单细胞或多细胞组成的丝状体，无胶鞘。藻体直径 1 ~ 2 μm，群体内细胞呈圆柱形，组成疏松或紧密的有规则的螺旋状丝状体。细胞或藻丝顶部常钝圆，细胞横隔壁常不明显，无收缢或收缢，顶端细胞圆形，外壁不增厚，内含物均匀或有颗粒。无异形胞和厚壁孢子。藻体呈淡蓝绿色，无藻殖段，可大量繁殖形成水华。

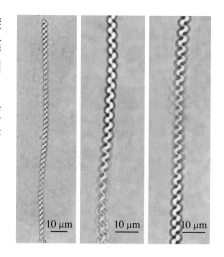

19.丝状眉藻 *Calothrix confervicola* C.Agardh ex Bornet & Flahault，1886

隶属念珠藻目Nostocales，胶须藻科Rivulaiaceae，眉藻属 *Calothrix*。藻体为单列细胞组成的不分枝的丝状体，簇生，蓝绿色。藻体长800～1 200 μm。直径20～28 μm。异形胞基位，球形，1～3个。

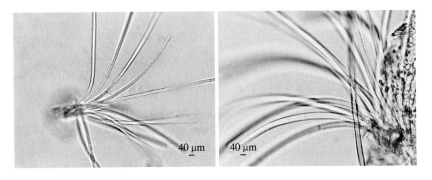

20.水华束丝藻 *Aphanizomenon flos-aquae* Ralfs ex Bornet & Flahault，1886

隶属念珠藻科 Nostocaceae，鱼腥藻亚科Anabaenoideae，束丝藻属 *Aphanizomenon*。藻体为单列细胞组成的不分枝的丝状体，无胶鞘，直或稍弯曲，末端细胞延长成无色细胞。异形胞间生。厚壁孢子呈椭球形，远离异形胞。藻体常由多数丝状体集成盘状、纺锤状或束状群体。营浮游生活。

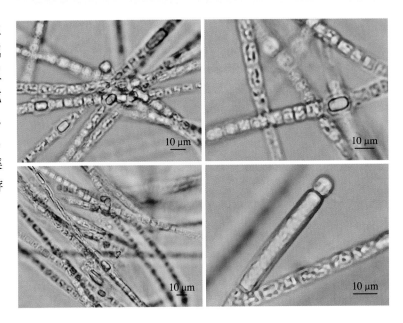

21.球形念珠藻 *Nostoc sphaericum* Vaucher ex Bornet & Flahault，1886

隶属念珠藻目Nostocales，念珠藻科Nostocaceae，念珠藻属 *Nostoc*。多细胞群体，群体被胶质鞘，球形，1～15 mm。丝体弯曲，紧密缠绕。藻丝宽4～5 μm，细胞短桶形或近球形。异形胞宽4～6 μm，近球形。孢子卵形，宽5～6 μm，长7～8 μm，外壁厚，褐色。分布广泛，图片样品采自辽宁大连黑石礁。

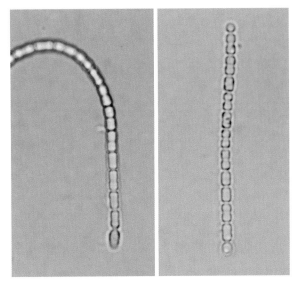

二、硅藻门Bacillariophyta

（一）中心硅藻纲 (中心纲)Centriae

1.颗粒直链藻Aulacoseira granulata (Ehrenberg) Simonsen，1979

隶属圆筛藻目Coscinodiscales，直链藻科Melosiraceae，直链藻属。旧称Melosira granulata。细胞圆柱形，由壳面相连成链状群体。壳面圆形，细胞一般很厚。光学显微镜下可见带面具明显孔纹。有环沟和颈部，壳套高。壳顶端有粗棘刺和中间刺。是湖泊池塘的普生种，可形成优势种群。海水池塘亦可见。

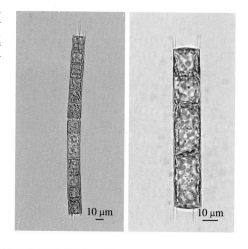

2.变异直链藻Melosira varians Agardh，1872

隶属直链藻科Melosiraceae，直链藻属。细胞圆柱形，由壳面相连成链状群体，相连带上有一环沟。光学显微镜下带面孔纹不可见，无端刺。带面呈长方形。在海水、淡水中均有分布。

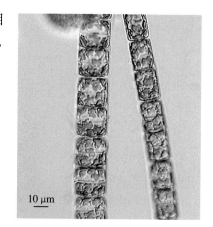

3.念珠直链藻Melosira moniliformis (Müller) Agardh，1824

细胞呈球形，由壳面相连成念珠状群体。壳面圆形，细胞一般很厚，有细点纹。

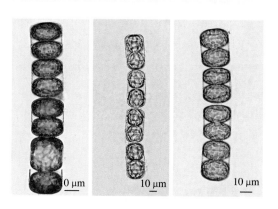

4. 具槽帕拉藻 *Paralia sulcata* (Ehrenberg) Cleve，1873

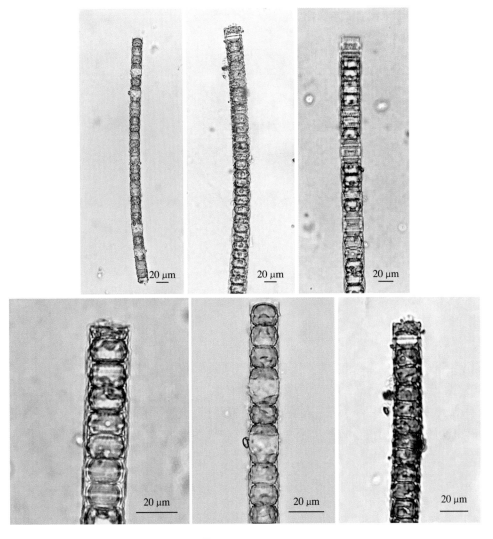

隶属圆筛藻目Coscinodiscales，直链藻科Melosiraceae，帕拉藻属*Paralia*。又称具槽直链藻*Melosira sulcata*。藻体细胞短圆柱形，细胞壁厚，具大型网纹。细胞宽8～80 μm，宽大于高，壳面圆形，平坦，相邻细胞以壳面连接成链状群体。色素体小，盘状，数量较多。世界性广布种，中国沿岸水域常见种。

5. 细弱明盘藻 *Hyalodiscus subtilis* Bailey，1854

隶属圆筛藻目Coscinodiscales，直链藻科Melosiraceae，明盘藻属*Hyalodiscus*。藻体壳面隆起呈凸透镜状。直径40～150 μm。中央无纹区约为壳面直径的1/3，有很细的放射状孔纹，外围稍大。色素体片状，数量较多。

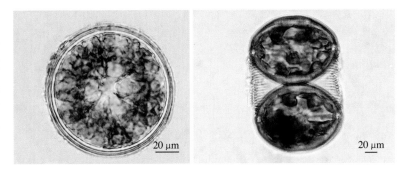

6. 星脐圆筛藻 *Coscinodiscus asteromphalus* Ehrenberg，1844

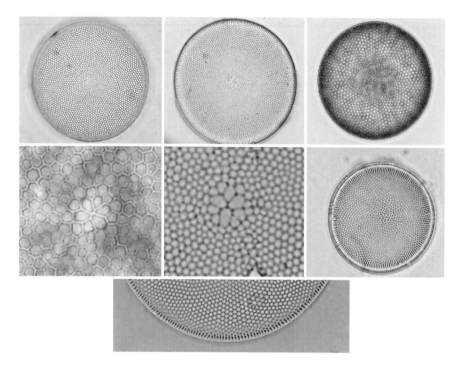

　　隶属圆筛藻目 Coscinodiscales，圆筛藻科 Coscinodiscaceae，圆筛藻属 *Coscinodiscus*。藻体细胞直径 260 ~ 300 μm，高 35 ~ 94 μm。壳面圆形，中央略凹，外围又凹下。带面呈中央狭两侧宽的圆角矩形。壳面中央有大玫瑰纹，其中央有无纹区。壳面室呈放射状，等大，每 10 μm 约 4 个。世界性广布种，中国各海域均产。

7. 格氏圆筛藻 *Coscinodiscus granii* Gough，1905

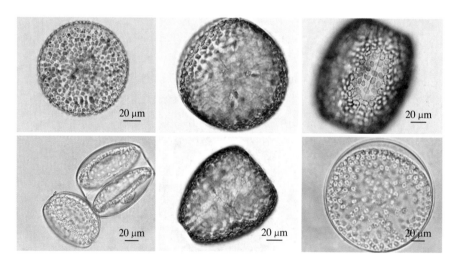

　　藻体细胞呈圆形，壳面一边高一边低，细胞直径 30 ~ 215 μm，带面呈楔形，壳面室呈放射状排列。有中央玫瑰纹区，其中央有小孔纹，细胞壁硅质化程度弱。壳面室如小圆点，壳边缘的壳面室小，壳中部每 10 μm 有 8 个，壳缘每 10 μm 有 10 ~ 11 个，壳边缘有一圈较长的缘刺。世界性广布种，中国各海域均产，其中黄海、渤海数量最多。

8. 辐射圆筛藻 *Coscinodiscus radiatus* Ehrenberg，1840

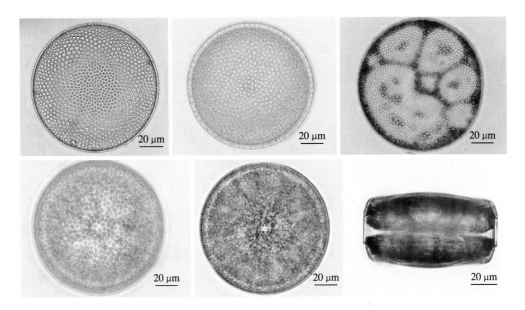

又称辐射列圆筛藻。藻体细胞直径约110 μm，壳面较平，壳面室大小相近，仅在壳面边缘有1～2行骤然缩小的小壳面室。壳面有唇形突。细胞壁硅质化程度较强，有自中心向边缘呈放射状的壳面室列，壳面室列中壳面室大小不一，有室间孔。色素体小，盘状，数量较多。沿岸及外洋性浮游种、底栖种。世界性广布种，中国近海常见种。

9. 细弱圆筛藻 *Coscinodiscus subtilis* Ehrenberg，1841

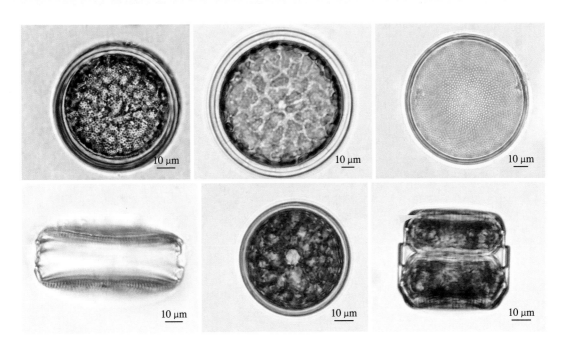

细胞较小，直径40～120 μm。壳面圆平，细胞壁硅质化程度弱。壳面室细小，呈等腰三角形的束状排列。壳面中心区的壳面室排列不规则，中部每10 μm有7～9个，壳缘每10 μm约有10个。带面呈长方形或正方形。色素体小，盘状，数量较多。世界性广布种，图片样品采自大连黄海沿岸。

10. 威氏圆筛藻 *Coscinodiscus wailesii* Gran & Angst, 1931

又称威利圆筛藻。藻体细胞直径167 ~ 334 μm。细胞短圆柱形。壳面圆形，平或中央略凹，中央有明显的边缘不齐的无纹区。壳面室每10 μm有5 ~ 7个。中部壳面室向外呈放射状排列。外围壳面室略大于中部壳面室。带面呈长方形，有1 ~ 2个领带状的宽间生带。是北温带至亚热带种类。分布较广，中国东海、南海冬季数量很多，渤海、黄海在春、秋、冬季皆有分布。

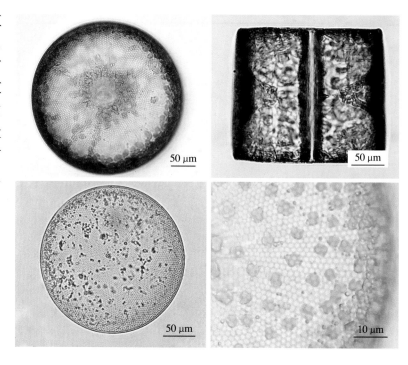

11. 虹彩圆筛藻 *Coscinodiscus oculus-iridis* Ehrenberg, 1839

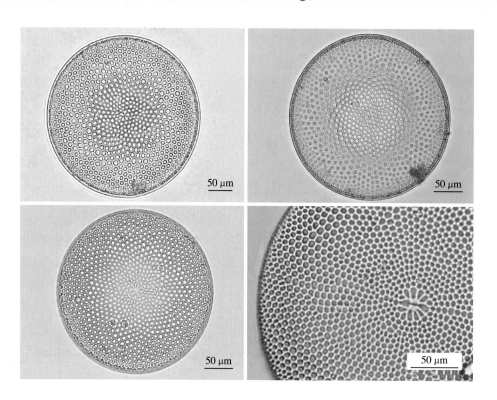

细胞圆盘形，中央略凹，直径100 ~ 300 μm，壳中央有6 ~ 7个壳面室组成的玫瑰纹，玫瑰纹中央有时具小无纹区。壳面室自玫瑰纹向细胞边缘逐渐增大，边缘有1 ~ 2行小的孔纹。孔纹向边缘区呈放射状和螺旋形排列，颜色呈现虹彩。分布广泛，四季可见，冬季较多。

12.巨圆筛藻 *Coscinodiscus gigas* Ehrenberg，1841

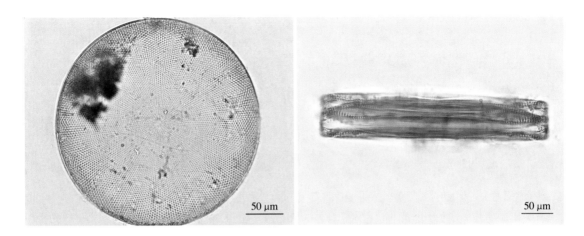

大型细胞，直径150～300 μm，壳面扁平或略凸出。带面偏薄，即高度远小于直径。壳面中央无玫瑰纹，有较小且边缘不齐的中央无纹区，放射列长短不一，细胞壁硅质化程度较弱。壳面室略呈四角形。色素体呈小颗粒状，数量多。为赤潮种，无毒。

13.蛇目圆筛藻 *Coscinodiscus argus* Ehrenberg，1839

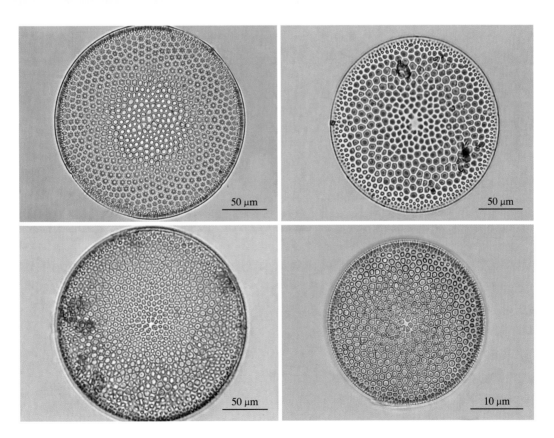

藻体直径30～210 μm。细胞短圆柱形，壳面室六角形，呈放射状或螺旋状排列，壳中心有5个较大的玫瑰纹，有的玫瑰纹中心具有小的无纹区。中部壳面室较小，向外逐渐变大，直至壳面中央距边缘2/3处壳面室逐渐缩小。分布广泛。

14. 弓束圆筛藻 *Coscinodiscus curvatulus* var. *curvatulus* Grunow，1878

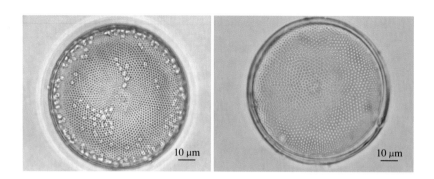

　　藻体直径 84 ~ 94 μm。壳面圆平，细胞壁硅质化程度弱。壳面无中心玫瑰区，壳面室细小，从壳面中央到壳缘呈弧形束状排列，壳面室每 10 μm 约 10 个。色素体小，盘状，数量较多。世界性广布种。

15. 减小圆筛藻 *Coscinodiscus decrescens* var. *decrescens* Grunow，1878

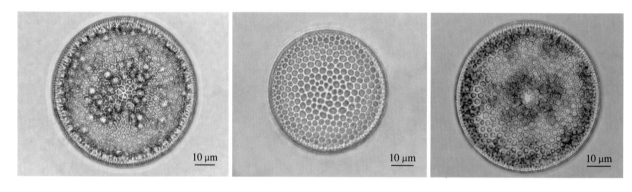

　　藻体细胞直径约 54 μm，壳面室较大，至近壳缘处壳面室骤然缩小。中部壳面室每 10 μm 有 4 个，壳缘内侧每 10 μm 有 8 ~ 9 个。中国海域均有分布。

16. 条纹小环藻 *Cyclotella striata* var. *striata* (Kützing) Grunow，1880

　　隶属圆筛藻目 Coscinodiscales，圆筛藻科 Coscinodiscaceae，小环藻属 *Cyclotella*。单细胞或 2 ~ 3 个细胞相连。藻体细胞呈短圆柱形，壳面一半隆起一半凹下。细胞壳面花纹分外围和中央区，外围有向中心伸入的肋纹，肋纹有宽有窄，少数呈连续短条状。中央区平滑无纹或具向心排列的不同花纹，壳面平直或有波状起伏，或中央部分向外鼓起，色素体小，数量较多。海产沿岸浮游和附生种，世界性广布种，海水、淡水均常见。

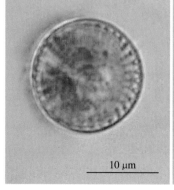
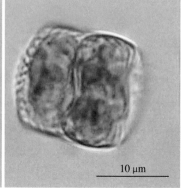

17.八幅辐环藻 *Actinocyclus octonarius* Ehrenberg，1838

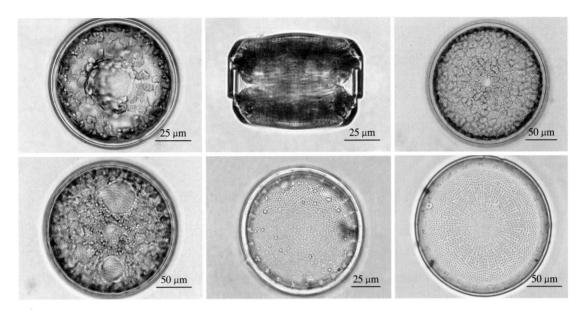

隶属圆筛藻目 Coscinodiscales，圆筛藻科 Coscinodiscaceae，辐环藻属 *Actinocyclus*。又称爱氏辐环藻 *A. ehrenbergii* Ralfs。藻体壳面孔纹小，呈扇形束状排列，中央区孔纹稀疏。壳缘两束孔纹间有一缘刺，有短条纹。壳缘内侧有一无纹眼斑。藻细胞直径 50～300 μm，一般为 100 μm 左右。色素体小，呈颗粒状，数量较多。分布于海水和半咸水，世界性广布种。

18.六幅辐裥藻 *Actinoptychus senarius* Ehrenberg，1843

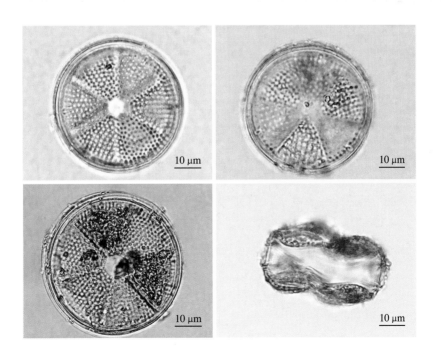

隶属圆筛藻目 Coscinodiscales，圆筛藻科 Coscinodiscaceae，辐裥藻属 *Actinoptychus*。壳面圆形，由从高到低相间的六块扇形区组成，中央无纹区呈正六边形。色素体小，呈颗粒状，数量较多。世界性广布种，中国海域均常见，为海产沿岸底栖种，也出现于浮游生物中。

19. 蛛网藻圆孔变种 *Arachnoidicus ehrenbergii* var. *Montereyana* Schmidt，1881

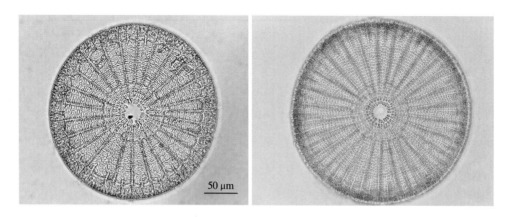

隶属圆筛藻目 Coscinodiscales，圆筛藻科 Coscinodiscaceae，蛛网藻属 *Arachnoidicus*。壳面圆盘形，平坦，中央略凹入。直径110 ~ 260 μm。中心区圆形，周围具一圈短棒状肋和两圈圆形孔。圆形孔至壳缘内有等距离的放射状肋状隆起，壳缘内侧还有短的肋状隆起。各肋状隆起间有同心圆排列的蛛网状的粗孔纹。海产，沿岸种。

20. 纹饰蛛网藻 *Arachnoidiscus ornatus* Ehrenberg，1849

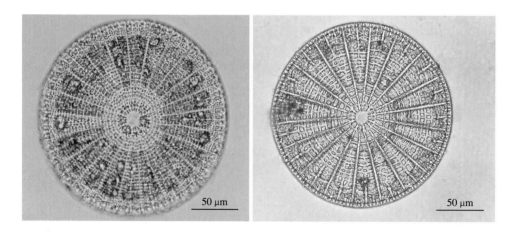

又称纹筛蛛网藻。壳面构造与蛛网藻圆孔变种相似，壳缘除有二、三级肋状隆起外，还有四级隆起，很短，在三级肋状隆起两侧。蛛网状粗孔纹较明显，近壳缘处略不规则。

21.离心列海链藻 *Thalassiosira eccentrica* (Ehrenberg) Cleve，1904

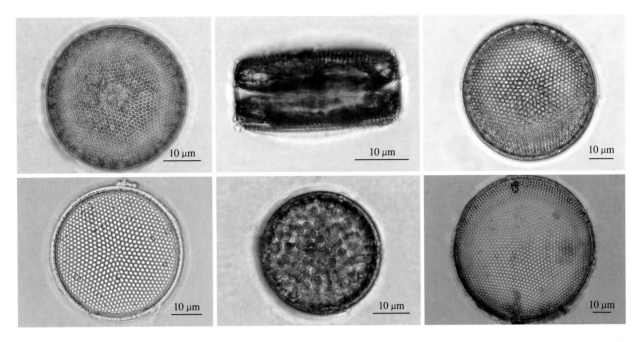

隶属圆筛藻目 Coscinodiscales，海链藻科 Thalassiosiraceae，海链藻属 *Thalassiosira*。藻体细胞呈鼓形，壳面圆而平，带面呈长方形，四角略圆，有 1～2 个领带状间生带。细胞直径 12～101 μm，厚约 10 μm。细胞壁硅质化程度较强。中部的壳面室较大，越向边缘越小，有较细弱的胶质丝，将相邻细胞连成 2～3 个的短链群体。色素体小，盘状，数量较多。分布广泛。

22.太平洋海链藻 *Thalassiosira pacifica* Gran & Agest，1931

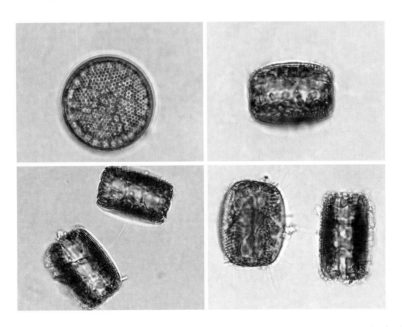

以单细胞或链状群体生活。藻体细胞呈圆盘状或短圆柱形，壳面圆且平，仅中央略凹，有放射状排列的六角形室列，边缘生一圈小刺，有时刺较长。带面呈长方形，四角略圆，上下壳各有一间生带。色素体小，颗粒状，数量较多。直径约 70 μm。贯壳轴长 23～28 μm。

23.诺氏海链藻 *Thalassiosira nordenskioldii* Cleve，1873

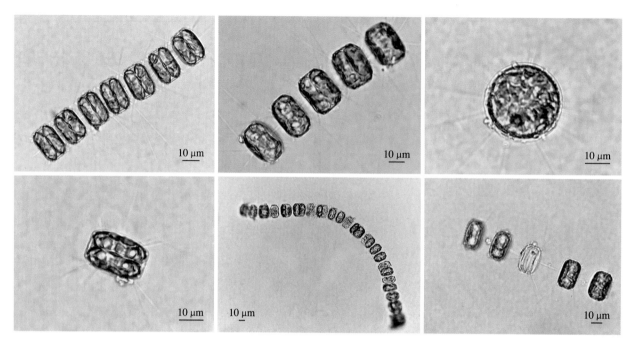

　　藻体细胞呈圆盘状，带面呈八角形。壳面圆形，中部凹下。有胶质丝，将相邻细胞连成群体。凹下部着生一圈不规则的小刺。壳面有放射状排列的室列，每10 μm有16～18个。边缘生一圈刺，有时刺较长且呈放射状。色素体盘状，数量较多。直径12～43 μm，贯壳轴长约16 μm。

24．圆海链藻 *Thalassiosira rotula* Meunier，1910

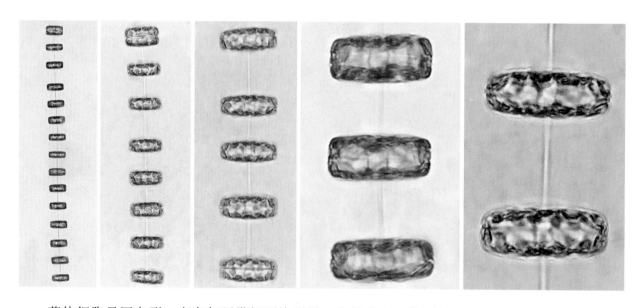

　　藻体细胞呈圆盘形，壳套与环带间环纹明显。中部略凹，带面呈扁长方形，四角略圆。壳面中央生出一较粗的胶质丝，将相邻的细胞连接成直的或略弯曲的串状群体。色素体小，盘状。直径39～51 μm，厚约10 μm。中国各海域均有分布。

25.细弱海链藻 *Thalassiosira subtilis* (Ostenfeld) Gran，1900

25 μm   50 μm   50 μm

　　藻体细胞呈圆盘状，壳面圆而平，带面呈长方形。细胞埋在胶质块中形成群体。色素体小，盘状，数量较多。直径12 ~ 101 μm，厚10 μm。分布广泛。

26.环纹娄氏藻 *Lauderia annulata* Cleve，1873

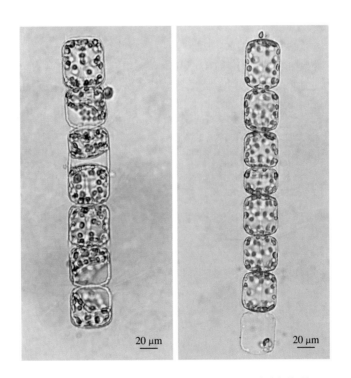

20 μm   20 μm

　　又称北方娄氏藻 *L. borealis*。隶属圆筛藻目Coscinodiscales，海链藻科Thalassiosiraceae，娄氏藻属 *Lauderia*。细胞呈短圆柱形。壳面隆起，中央微凹，细胞靠壳面紧密相连或靠胶质线相连成直链状群体，壳面边缘具许多小棘。色素体小，板状，数量较多。广温性近岸种，中国各海域均产。

27.中肋骨条藻*Skeletonema costatum* (Greville) Cleve，1878

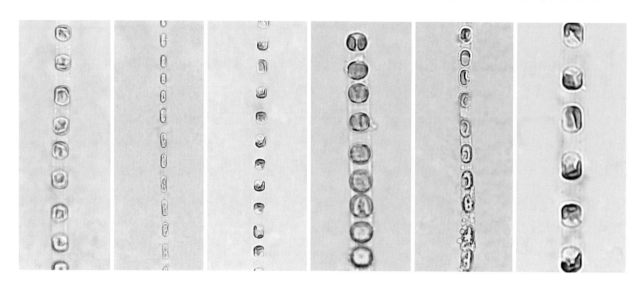

　　隶属圆筛藻目Coscinodiscales，骨条藻科Skeletonemaceae，骨条藻属*Skeletonema*。细胞在透镜下呈圆柱状，直径6～7 μm，壳面圆且鼓起，壳面四周有一圈硅质刺与相邻细胞的相对刺互相连接。刺与短轴平行。细胞间靠细胞刺连成长链，刺的数目差异较大，有8～30条，细胞间隙长短不一，但比细胞本身长。壳面点纹极微细，不易见到。为广温广盐种，分布极广，从北极到赤道，从外海高盐水团到沿岸低盐水团甚至半咸水中都有，但以沿岸最多，中国近海很常见。在自然海区，中肋骨条藻是缢蛏和牡蛎等的优良饵料，硅质少容易消化。河口、港湾常由于有机质污染，即富营养化，骨条藻大量繁殖而形成赤潮。由于骨条藻在其他海洋硅藻不能生活的恶劣条件下仍能生存，故其分布和数量可以作为水质污染的生物指标。

28.掌状冠盖藻*Stephanopyxis palmeriana* (Greville) Grunow，1884

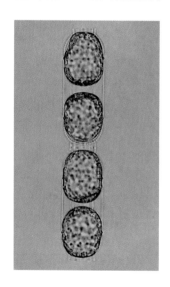

　　隶属圆筛藻目Coscinodiscales，骨条藻科Skeletonemaceae，冠盖藻属*Stephanopyxis*。细胞直径100～150 μm，细胞呈球形或短圆筒形。壳面圆形，略鼓起，顶端平。壳面边缘生一圈管状刺，16～20条，相邻细胞通过管状刺连成直链状群体。为近海偏暖性种。

29.塔形冠盖藻*Stephanopyxis turris* var. *turris* (Greville & Arnott) Ralfs，1861

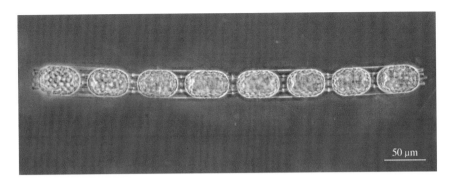

50 μm

与掌状冠盖藻相似，区别在于细胞较细长，为长卵形。中国渤海、黄海近海皆有分布。

30.薄壁几内亚藻*Guinardia flaccida* (Castracane) Peragallo，1892

隶属圆筛藻目Coscinodiscales，细柱藻科Leptocylindraceae，几内亚藻属*Guinardia*。藻体细胞呈长圆柱状，壳面有1～2个钝突起，单个或彼此以壳面连接成短链生活，间生带呈领带状。色素体呈颗粒状或棒状，数量较多。中国黄海、东海、南海均产。为赤潮种。

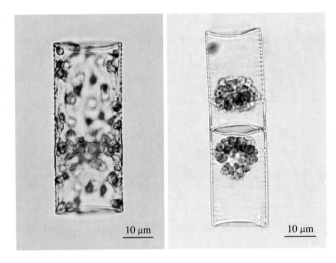

10 μm　　10 μm

31.柔弱几内亚藻*Guinardia delicatula* (Cleve) Hasle，1997

又称柔弱根管藻*Rhizosolenia delicatula* Cleve，1900。藻体细胞呈圆柱形，壳面平，其上有一向外的短刺，以此插入相邻细胞连成链状群体。细胞具1个板状色素体。每个色素体都有1个蛋白核。细胞黄褐色。长20～70 μm，直径8～40 μm。一般长为直径的3～5倍。为赤潮种。

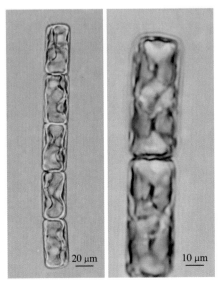

20 μm　　10 μm

32.斯氏几内亚藻 *Guinardia striata* (Stolterfoth) Hasle et al., 1997

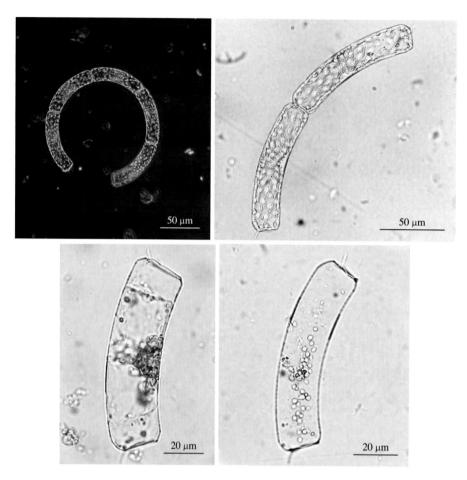

即斯托根管藻 *Rhizosolenia stolterfothii*。壳环轴长且呈弧形，群体螺旋状，壳面边缘着生一条小刺，以此刺插入相邻细胞形成螺旋状群体。世界性广布种，中国各海域均产。

33.棘冠藻 *Corethron criophilum* Castracane，1886

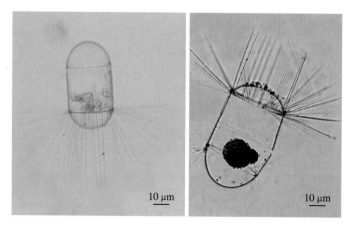

即豪猪棘冠藻 *Corethron hystrix* Hensen，1887。藻体细胞呈圆柱状，两壳面隆起呈球形，壳缘生一圈长刺。色素体小，盘状，数量较多。分布广泛。

34.丹麦细柱藻*Leptocylindrus danicus* Cleve，1889

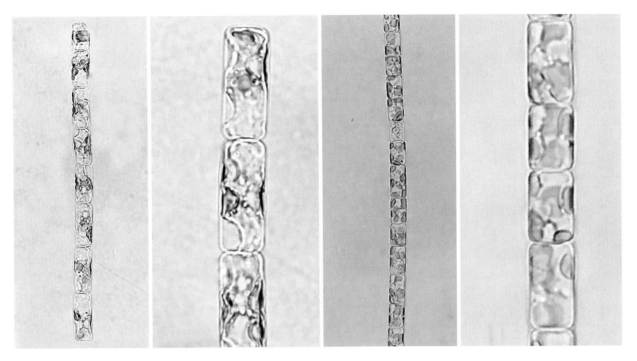

　　隶属圆筛藻目Coscinodiscales，细柱藻科Leptocylindraceae，细柱藻属*Leptocylindrus*。细胞呈圆柱状，以壳面紧密相连，构成细长的链状群体。链直或呈波状弯曲。壳面无刺、无突起。细胞壁薄，无花纹。色素体呈圆板状，6～33个。细胞直径8～12 μm，长31～130 μm，为温带沿岸种，中国近海常见种。

35.翼鼻状藻*Proboscia alata* (Brightwell) Sundstron，1986

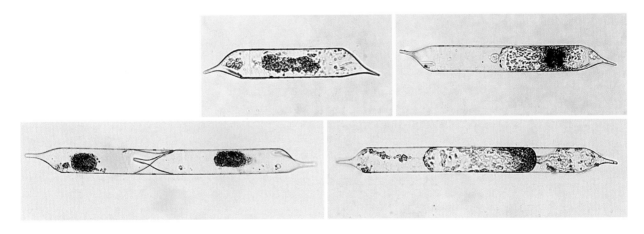

　　即翼根管藻*Rhizosolenia alata*。隶属管状硅藻目Rhizosoleniaceae，根管藻科Rhizosoleniaceae，根管藻属*Rhizosolenia*。藻体细胞呈细长柱状，壳面凸起呈圆锥形，背腹略弯且顶端钝圆，壳面凹痕明显，为相邻细胞插入痕迹。色素体呈颗粒状，数量较多。世界性广布种，中国各海域均产。

36. 粗根管藻 *Rhizosolenia robusta* Norman，1861

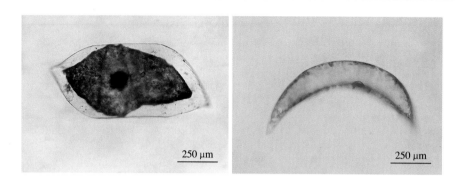

藻体细胞呈弯月形，部分略呈S形，壳面凸起呈圆锥状，其上生一小刺，间生带明显，呈领带状。色素体小，颗粒状，数量较多。世界性广布种，中国各海均产。

37. 刚毛根管藻 *Rhizosolenia setigera* Brightwell，1858

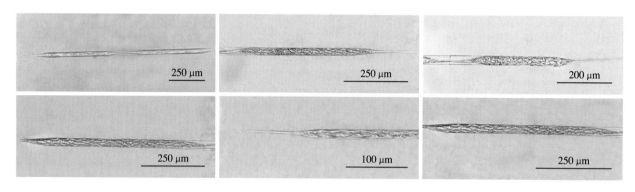

藻体细胞呈圆柱状，壳面呈锥形，其上生一实心长刺。色素体小，板状，数量较多。广温广盐性沿岸种，世界性广布种，中国各海域均有分布。

38. 脆根管藻 *Rhizosolenia fragillissima* Bergon，1903

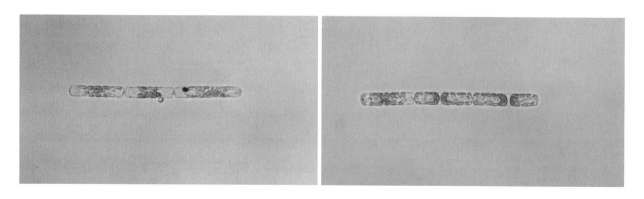

细胞呈圆柱状，以链状群体生活。壳面较平，一侧微凸而高出另一侧，小刺着生于壳面突出部分靠近壳面中央的边缘。群体由突出壳面相连，小刺插入对应细胞。细胞直径7.8～10.4 μm。色素体小，片状，数量较多。为赤潮种，有毒。

39. 印度翼根管藻 *Rhizosolenia alata* f.*indica* (Piragallo) Ostenfeld，1901

亦称翼根管藻印度变形种。藻体细胞呈长柱形，较粗壮，直径28～114 μm。靠末端刺与相邻细胞壳面凹痕连接成群体。色素体粒状，数量较多。世界性广布种，中国各海域均有分布。

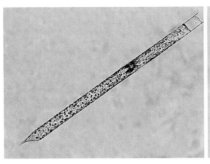 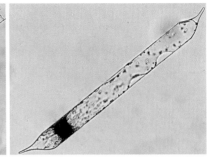

40. 中华根管藻 *Rhizosolenia sinensis* Qian，1981

本种与斯氏几内亚藻 *Guinardia striata* 相似。壳环轴长且呈弧形，群体螺旋状，壳面边缘着生一条小刺，以此刺插入相邻细胞形成螺旋状群体。壳面凸凹不平，间生带锯齿状。世界性广布种，中国黄海、东海、南海均产。

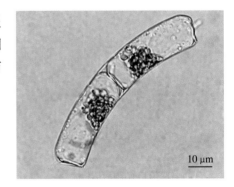

10 μm

41. 透明辐杆藻 *Bacteriastrum hyalium* var. *hyalinum* Lauder，1860

隶属盒形硅藻目 Biddulphiales，辐杆藻科 Bacteriastraceae，辐杆藻属 *Bacteriastrum*。藻体细胞呈圆柱形，壳面扁平。壳周具一圈放射状刺毛，和邻刺相连而和贯壳轴垂直，向四周射出一定距离后，仍分为两支。因此从壳面观测可见一圈 Y 形刺毛由壳周射出。端细胞的端壳刺无邻刺，单条，略呈弧形，细胞间隙小。

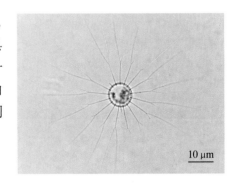

10 μm

42. 扭链角毛藻 *Chaetoceros tortissimus* Gran，1900

隶属圆筛藻目 Coscinodiscales，圆筛藻科 Coscinodiscaceae，圆筛藻属 *Coscinodiscus*。藻体细胞呈松弛的链状，细胞在链上扭转排列。角毛伸出方向与链轴近于直角。色素体1个，较大，片状。

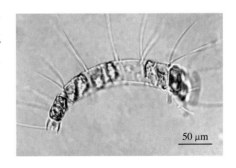

50 μm

43. 并基角毛藻 *Chaetoceros decipiens* Cleve，1873

藻体细胞呈长直链状，带面呈长方形，细胞间隙变化大。相邻细胞角毛基部合并一段后分开，端角毛略粗。为北极和温带广盐种，分布较广泛。

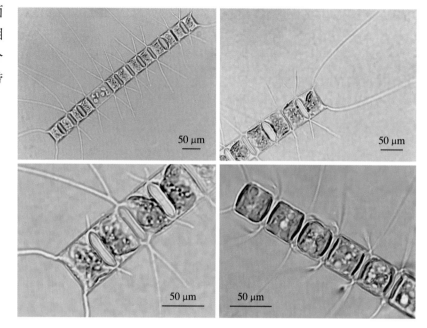

44. 冕孢角毛藻 *Chaetoceros diadema* (Ehrenberg) Gran，1897

藻链直或略弯。带面呈长方形，宽 17 ~ 74 μm，高约 12 μm。壳面呈椭圆形。细胞间隙呈椭圆形或哑铃形，中部略窄。色素体 1 个，较大，片状。对温度和盐度适应力强，分布广泛。

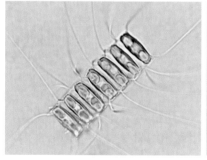 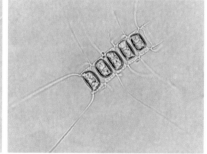

45. 旋链角毛藻 *Chaetoceros curvisetus* Cleve，1889

藻链呈螺旋状弯曲。长轴带面呈长方形。壳面凹。细胞间隙呈椭圆形或近圆形，中部略窄。色素体 1 个。广盐性沿岸种，分布广泛。

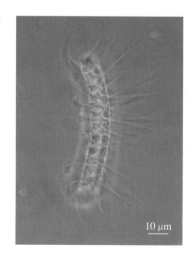

46.洛氏角毛藻 *Chaetoceros lorenzianus* Grunow，1863

又称劳氏角毛藻。长轴带面呈长方形，四角尖。细胞链直而短。壳面椭圆形且平，中部略凹或略凸。壳套大多高于细胞高度的1/3，与环带相接处有明显的小凹沟。细胞间隙略呈六边形。角毛较短，硬而直，自细胞角生出，与相邻细胞的角毛相交黏结于一点，和细胞链轴垂直或倾斜伸出。链端角毛直，常较其他角毛粗，有时较短，生出后即斜向外伸出，其点纹尤其明显。每个细胞中有盘状色素体4～10个。分布广泛，中国各海域均产，温带至热带近岸性种。

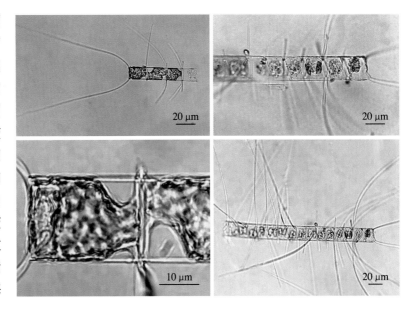

47.假弯角毛藻 *Chaetoceros pseudocurvisetus* Mangin，1910

又称拟旋链角毛藻。壳面生4个小突起，与相邻细胞的突起相连，使细胞间隙分成3部分，中间较大，两侧较小。中国近海皆有分布。

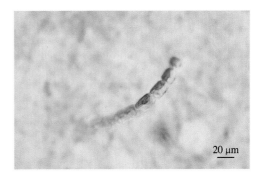

48.窄隙角毛藻 *Chaetoceros affinis* var. *affinis* Lauder，1864

藻体细胞链直，长轴带面呈长方形，角尖，相邻细胞的角常相互接触。壳面平或中央部分略凸，链端细胞的壳面中央常生一小刺。细胞间隙狭小，中央部分略窄，呈纺锤形或近长方形。细胞端角毛粗，弯曲成镰刀形；细胞间角毛细，自细胞角生出后即与相邻细胞的角毛相交黏结于一点，然后与细胞链轴垂直伸出，或逐渐弯向链端。色素体1个，片状。世界性广布种，中国各海域均产，广温性近岸种。

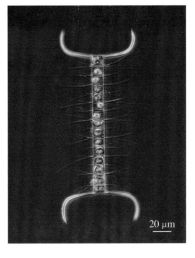

49.窄面角毛藻 *Chaetoceros paradoxus* Cleve，1873

又称奇异角毛藻。藻体细胞照片以短轴带面为主，壳套高于细胞高度的1/3，与环带相接处凹痕明显，色素体2个。暖水性种，中国沿海夏秋季常见种。

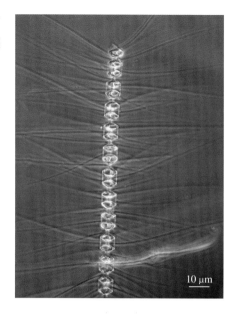

10 μm

50.秘鲁角毛藻 *Chaetoceros peruvianus* Brightwell，1856

藻体细胞单个或形成短链生活，长轴带面呈长方形，壳套与环带间凹沟明显，角毛自壳缘内侧与贯壳轴垂直方向生出，经一段距离后弯向细胞一端，并逐渐与贯壳轴平行。角毛上生有小刺。色素体呈颗粒状，数量较多，遍布细胞及角毛内。世界性广布种，中国各海域均产。

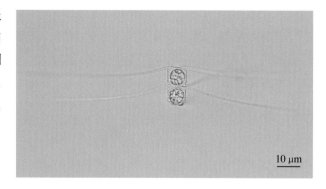

10 μm

51.卡氏角毛藻 *Chaetoceros castracanei* Karsten，1905

藻体细胞链短，细胞在链上扭转排列，细胞间隙小，角毛与贯壳轴近乎垂直方向伸出，微呈波状伸展，色素体小，颗粒状，数量较多，遍布于细胞及角毛内。中国渤海、黄海春季很常见，为温带近岸种。

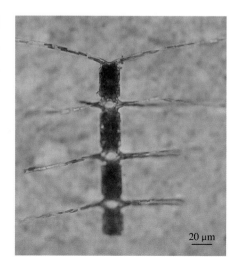

20 μm

52.爱氏角毛藻*Chaetoceros eibenii* Grunow，1881

又称艾氏角毛藻。藻体细胞以壳面连成链状群体，长轴带面呈长方形，细胞间隙较大，各细胞壳面中央均生有小刺。色素体颗粒状，数量较多，遍布细胞及角毛内。广温性沿岸种，中国各海域均产。

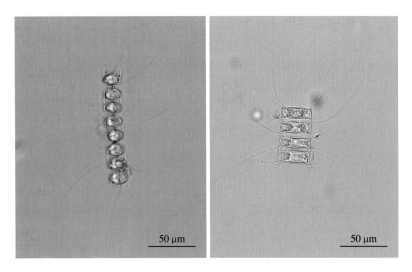

53.丹麦角毛藻*Chaetoceros danicus* Cleve，1889

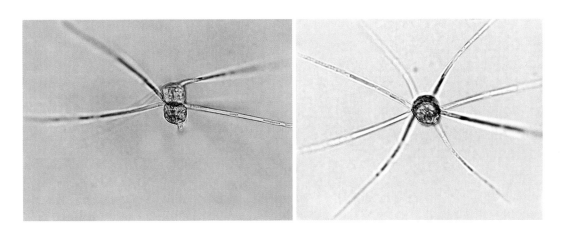

藻体细胞多以单个生活，少数形成短链。带面呈长方形。宽10～20 μm，宽、高近等长。壳面平，呈椭圆形。角毛自壳面边缘伸出，与贯壳轴垂直，略倾斜伸出。角毛末端有小刺。

54.柔弱角毛藻*Chaetoceros debilis* Cleve，1894

藻体细胞链长且呈螺旋状弯曲，长轴带面呈长方形，宽大于高，宽15～40 μm。壳面平或略凸，细胞间隙小，长条形。细胞以壳面连成群体。色素体1个，较大，片状。

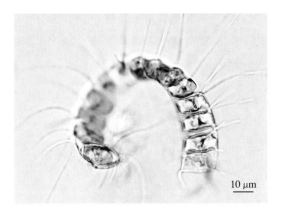

55.牟氏角毛藻 *Chaetoceros muelleri* Lemmermann，1898

藻体细胞小型，细胞壁薄。大多数藻体细胞单个生活，也有2～3个细胞相连成群体。壳面椭圆形或圆形，多数中央略凸起，少数平坦。带面呈长方形或四边形，宽3.5～4.6μm，长4.6～9.2μm，壳环带不明显。角毛细且长，末端尖，自细胞角生出，几乎与纵轴平行，一般长20.7～34.5μm。壳面呈椭圆形，两端的角毛以细胞体为中心略呈S形。色素体1个，呈片状，黄褐色。

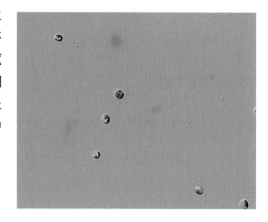

56.长耳齿状藻 *Odontella aurita*（Lyngbye）L.Agardh，1832

隶属盒形硅藻目 Biddulphiales，盒形藻科 Biddulphiaceae，齿状藻属 *Odontella*。亦称长耳盒形藻 *Biddulphia aurita* (Lyngbye) Brebisson,1838。壳面呈椭圆形，长10～95μm，中央有凸起，有刺2根，两端有凸起的角，相邻细胞以角连成直线或折线形群体。带面呈长筒形。色素体小，颗粒状，数量较多。为北方沿岸种，全年均可见。

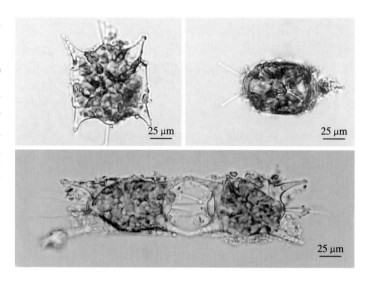

57.长角齿状藻 *Odontella longicruris*（Greville）Hoban，1983

亦称长角盒形藻 *Biddulphia longicruris* Greville，1859。壳面呈椭圆形，顶轴长15～186μm。壳面中部呈半球状隆起，刺从球部中央射出，多数2根，少数为1或3根。相邻细胞连成直链群体。中国各海域均有分布。

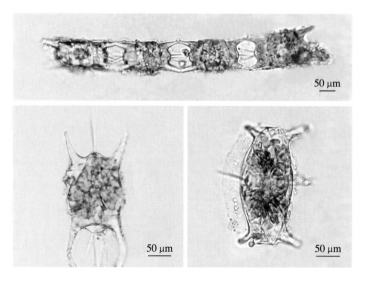

58. 中华齿状藻 *Odontella sinensis* (Greville) Grunow，1884

又称中国盒形藻或中华盒形藻 *Bidduphia sinensis* Greville，1866。通常以单细胞生活，偶尔呈短链状群体。细胞形状像面粉袋或近圆柱状，壳面呈长椭圆形，中部平坦或略凹，顶轴两端隆起成短角，角与贯壳轴平行，角内侧生成 1～3 根中空长刺，刺向内略弯。带面呈长方形或正方形。细胞宽 62～320 μm，高 112～264 μm。浮游性种，中国各海域均有分布。

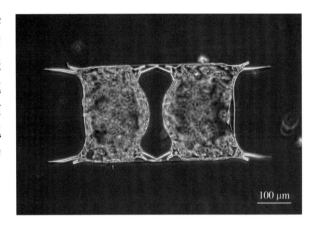

59. 正盒形藻 *Biddulphia biddulphiana*（J.E. Smith）Boyer，1900

隶属盒形硅藻目 Biddulphiales，盒形藻科 Biddulphiaceae，盒形藻属 *Biddulphia*。又称美丽盒形藻 *Biddulphia pulchella*。由 2～7 个横肋把细胞分成若干部分，边缘呈波状。壳面有细孔纹和唇形突的瘤状突起，能分泌胶质，使相邻细胞连成折线形群体。壳面有 2～3 根小刺。带面有孔纹，纵向排列。色素体小，盘状，数量较多。广温性底栖种，中国近海均产。

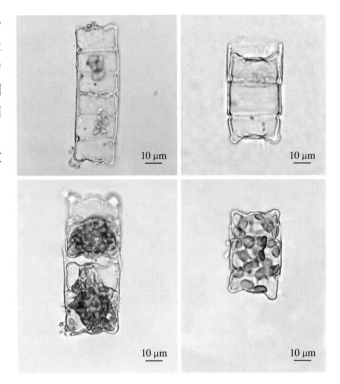

60. 大洋角管藻 *Cerataulina pelagica* (Cleve）Hendey，1937

隶属盒形硅藻目 Biddulphiales，盒形藻科 Biddulphiaceae，角管藻属 *Cerataulina*。又称海洋角管藻。藻体细胞呈圆柱状，壳面隆起，壳缘对生 2 个短角，短角上生有一小刺，相邻细胞以短角连成长链。细胞间隙小，呈细缝状。

61.布氏双尾藻*Ditylum brightwellii* (West) Grunow，1881

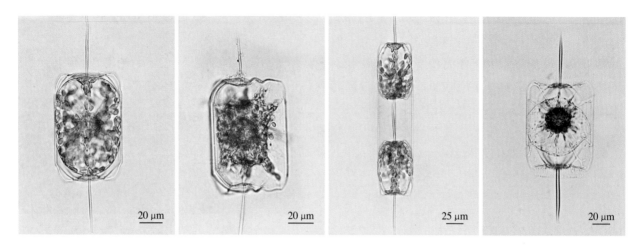

　　隶属盒形藻目 Biddulphiales，盒形藻科 Biddulphiaceae，双尾藻属 *Ditylum*。多以单细胞生活，多呈短三棱柱状。细胞壁薄而透明。细胞宽 14 ~ 60 μm，高 70 ~ 100 μm。宽度明显小于高度。壳面平，三角形，壳面边缘有一列小刺，壳套明显，有中央无纹区和中央大刺。色素体呈颗粒状。适温范围广，世界性广布种，中国沿岸水域常见种。

62.太阳双尾藻*Ditylum sol* Grunow，1881

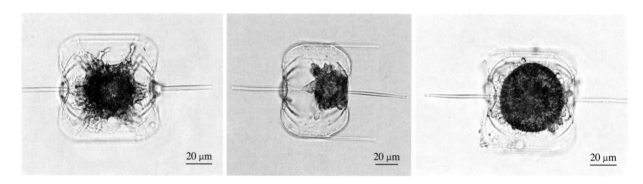

　　细胞呈带纵褶皱的短三棱柱形。宽大于高或宽和高相近。带面宽 60 ~ 152 μm，高 40 ~ 76 μm。壳面平或略凸，边缘波状，壳面无刺冠，壳面中央有粗刺，粗刺周围有小无纹区。色素体呈颗粒状，数量较多。

63.短角弯角藻 *Eucampia zodiacus* Ehrenberg，1839

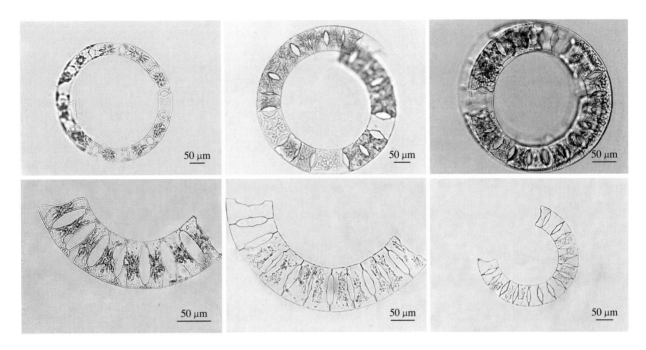

又称浮动弯角藻。隶属盒形藻目 Biddulphiales，弯角藻科 Eucampiaceae，弯角藻属 *Eucampia*。藻体细胞壳面中部下凹，顶轴两端各生一短角，一端稍长，一端稍短，短角顶端平截，与相邻细胞短角相连，呈螺旋状群体。细胞间隙为扁椭圆形。色素体小，颗粒状或盘状，数量较多。广温性沿岸种，分布广泛。

64.长角弯角藻 *Eucampia cornuta* (Cleve) Grunow，1881

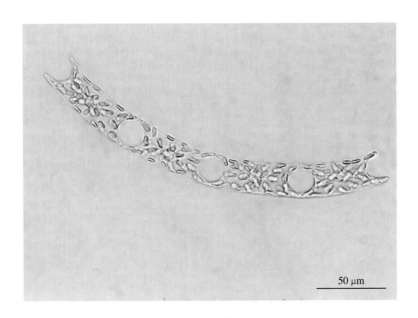

又称角状弯角藻。藻体细胞壳面中部下凹，顶轴两端的角细长，短角与相邻细胞的短角相连，细胞间生带明显，细胞间隙呈圆形。呈螺旋状群体。色素体小，颗粒状或盘状，数量较多。广温性沿岸种。

65. 泰晤士旋鞘藻 *Helicotheca tamesis* (Shrubsole) Ricard，1987

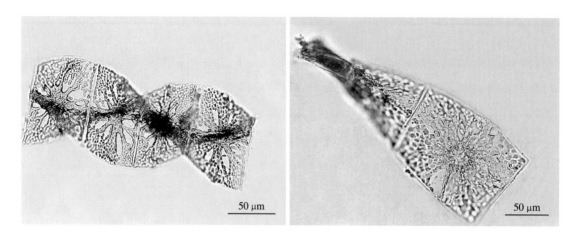

50 μm   50 μm

　　隶属盒形藻目Biddulphiales，弯角藻科Eucampiaceae，旋鞘藻属*Helicotheca*。又称泰晤士扭鞘藻*Streptotheca tamesis* Shrubsole，1891。藻体细胞很宽，长轴带面呈长方形，壳面线形。相邻细胞以壳面紧密相连并扭转形成群体。色素体小，颗粒状，数量较多。分布广泛。

（二）羽纹纲 Pennatae

1. 加拉星平藻 *Asteroplanus karianus* (Grunow) Gardner & Crawford，1997

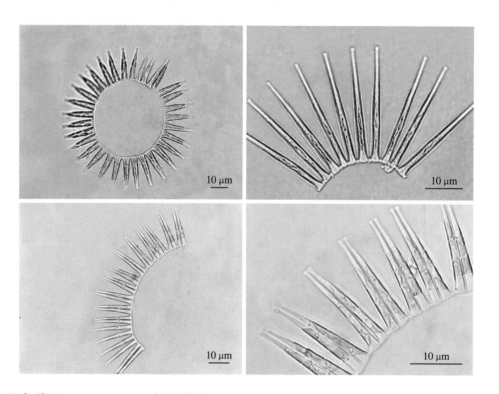

10 μm   10 μm

10 μm   10 μm

　　隶属无壳缝目Araphidiales，脆杆藻科Fragilariaceae，星平藻属*Asterplanus*。又称加氏星杆藻*Asterionella kariana*。带面呈楔形。相邻细胞依靠宽的一端的壳面连接成螺旋状群体，较窄的一端则游离散射，色素体小，板状，数量较多。中国渤海、黄海、东海均产。

2.冰河拟星杆藻*Asterionellopsis glacialis* (Castracane) Round，1990

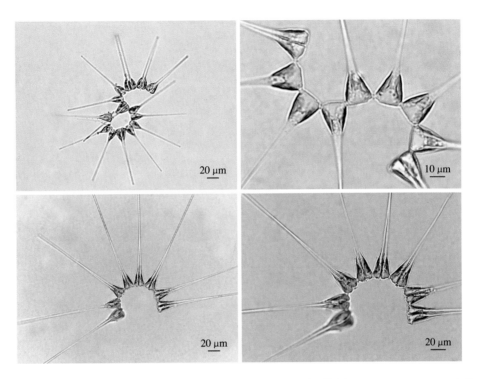

　　隶属无壳缝目Araphidiales，脆杆藻科Fragilariaceae，拟星杆藻属*Asterionellopsis*。又称日本星杆藻*Asterionella japonica*。细胞以群体生活，常以一端连成星形螺旋状的链。细胞长75～120μm。带面呈楔形，近端呈三角形，大部分宽16～20μm，远端细长，末端截平。壳面较狭窄，宽约10μm，呈长椭圆形，一端大，一端细长。色素体一般2个，分布于细胞核附近。广温性近岸种，分布广泛，数量大。中国沿海均有分布，暖季数量多于冬季。

3.美丽星杆藻*Asterionella formosa* Hassall，1850

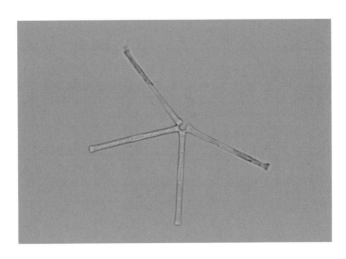

　　隶属无壳缝目Araphidiales，脆杆藻科Fragilariaceae，星杆藻属*Asterionella*。带面近端呈三角形，宽16～20μm。壳面较狭，宽约10μm。细胞全长75～120μm。广温性近岸种，中国东海、南海及黄海均有分布。

4.佛氏海线藻 *Thalassionema frauenfeldii* (Grunow) Hallegraeff，1986

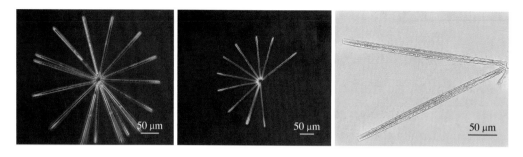

隶属无壳缝目Araphidiales，脆杆藻科Fragilariaceae，海线藻属*Thalassionema*。带面呈棒形，壳面两端形状不同，一端钝圆，另一端较尖细。单细胞生活或以胶质柄相连成锯齿状或星形群体生活。壳缘有小刺。无假壳缝、间生带和隔片。色素体呈颗粒状，数量较多。世界性广布种，中国各海域均产。

5.菱形海线藻 *Thalassionema nitzschioides* (Grunow) Mereschkowsky，1902

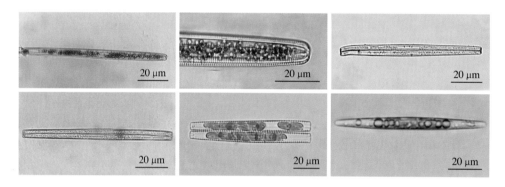

细胞针杆状，长30～116 μm，大部分宽5～6 μm。以胶质相连成星形或锯齿状群体。带面呈棒形，直或略弯曲。壳面呈棒形，等大，两端钝圆。壳缘有细小的刺。壳上两侧有短条纹。色素体呈颗粒状，数量较多。分布广泛，世界性广布种。在中国沿岸常同佛氏海毛藻一起出现。

6.肘状脆杆藻 *Fragilaria ulna* (Nitzsch) Ehrenberg，1832

隶属无壳缝目Araphidiales，脆杆藻科Fragilariaceae，脆杆藻属*Fragilaria*。即肘状针杆藻*Synedra ulna*。以单细胞生活，壳面呈线状披针形，壳体极细长，中部略宽，几乎不扩大，末端近头状。长50～350 μm，宽5～10 μm。横线纹粗，每10 μm有10条。带面呈线形或长方形，有明显线纹。色素体2个，片状。壳面中央有方形或长方形的无纹区。具假壳缝。淡水、海水皆有。

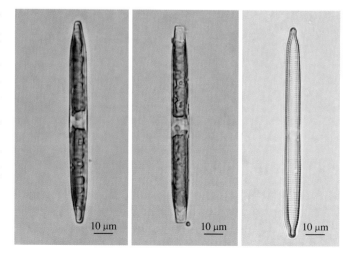

7.岛脆杆藻 *Fragilaria islandica* Grunow ex Van Heurck，1881

隶属无壳缝目 Araphidiales，脆杆藻科 Fragilariaceae，脆杆藻属 *Fragilaria*。细胞以壳面相互连接成带状群体，壳面呈长披针状，两侧对称，壳面具线形假壳缝，带面呈长方形。生长于近海岸。

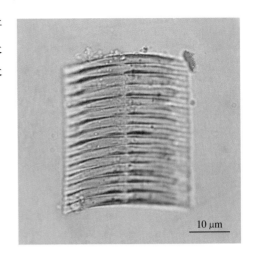

10 μm

8.钝脆杆藻 *Fragilaria capucina* Desmazières，1830

以单细胞生活，细胞呈长线形，壳面呈狭披针形，多呈竖直状，末端头状。细胞常以壳面相连形成长的带状群体。长 25 ~ 220 μm，宽 2 ~ 7 μm。横线纹细，假壳缝线形。中心区呈长方形，无线纹。带面呈长方形。

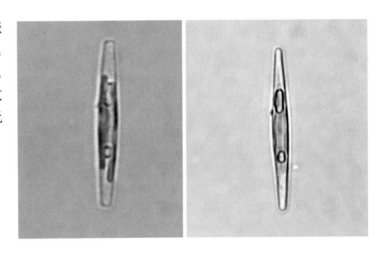

9.连结脆杆藻 *Fragilaria construens* (Ehrenberg) Grunow，1862

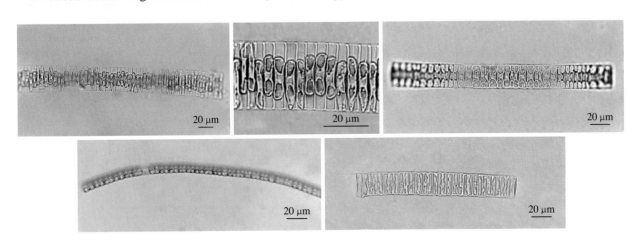

20 μm　20 μm　20 μm

20 μm　20 μm

壳面宽线形，中部向两侧凸出。细胞以壳面相连成带状群体，长 7 ~ 25 μm，宽 5 ~ 12 μm。壳面中心区两侧具线纹。

10. 沃切脆杆藻 *Synedra socia* Patrick & Reimer，1966

学名又作 *Fragilaria capucina* var. *vaucheriae*。壳面呈长披针形，中部略膨大，两端尖。壳面宽2.5 ～ 9.0 μm，长 12 ～ 41 μm。横线纹每 10 μm 内有 11 ～ 18 条。分布广泛，海水、淡水均产。

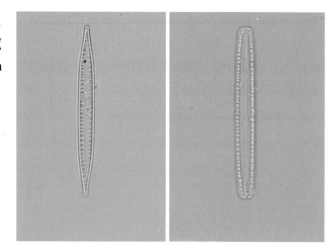

11. 克洛脆杆藻 *Fragilaria crotonensis* Kitton，1869

又称巴豆叶脆杆藻。细胞常以壳面相连，形成长带状群体。壳面线形，末端钝圆形，横线纹细。普生性种类。

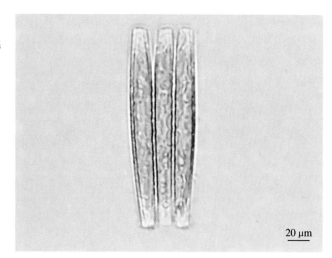

20 μm

12. 普通等片藻 *Diatoma vulgare* Bory，1824

隶属无壳缝目 Araphidiales，平板藻科 Tabellariaceae，等片藻属 *Diatoma*。藻体细胞常连成带状或锯齿状群体，壳面呈线形、棒状或椭圆形，有的种类两端略膨大。假壳缝狭窄，壳面和带面均有横隔片和细线纹。带面长方形，具一至多个间生带。色素体呈椭圆形，数量较多。主要产于淡水和半咸水，海水也有。

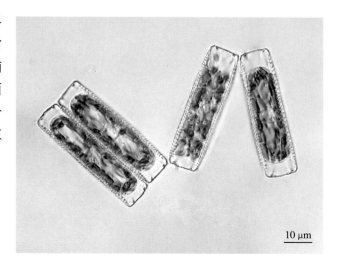

10 μm

13.亚德里亚海杆线藻*Rhabdonema adriaticum* Kützing，1844

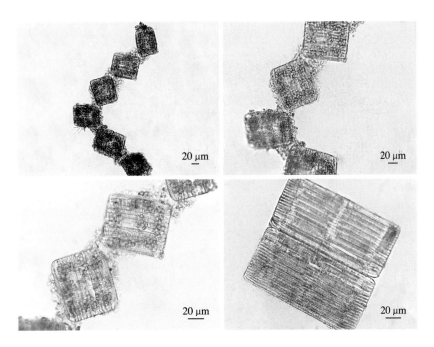

隶属无壳缝目 Araphidiales，平板藻科 Tabellariaceae，杆线藻属*Rhabdonema*。细胞较大，侧扁，常由壳面相连成长带状群体，群体连成锯齿形大群体。壳面线形，两端圆，并有椭圆形透明区，假壳缝窄，壳面有肋纹。横隔片弯弓形，有长短两种相间排列。色素体呈片状，聚集成星形。

14.海洋斑条藻*Grammatophora marina* (Lyngbye) Kützing，1844

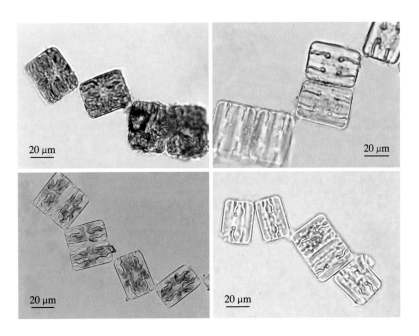

隶属无壳缝目 Araphidiales，平板藻科 Tabellariaceae，斑条藻属*Grammatophora*。带面呈长方形，角圆。细胞以胶质相连成锯齿状群体，假壳缝不明显。壳上花纹精细。假隔片2个，游离端头状。色素体呈带状，数量较多。沿岸潮间带底栖种，也常见于浮游生物中。

15. 短楔形藻*Licmophora abbreviata* C. Agardh，1831

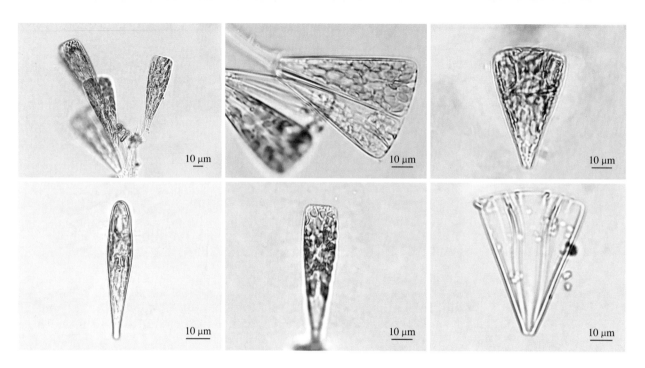

隶属无壳缝目Araphidiales，平板藻科Tabellariaceae，楔形藻属*Licmophora*。藻体细胞呈楔形，壳面呈楔形或棍状。具横隔片。群体呈扇状，借窄端分泌的胶质在沿岸营附着生活，但常混入浮游生物中。色素体小，颗粒状，数量较多。中国黄海、东海、南海均有分布。

16. 盾形卵形藻*Cocconeis scutellum* var. *scutellum* Ehrenberg，1838

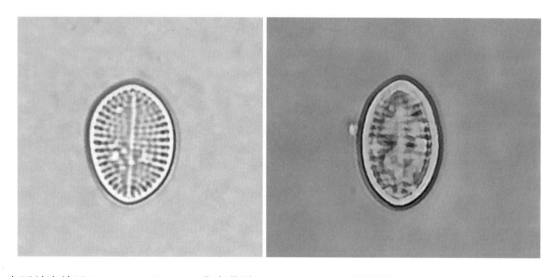

隶属单壳缝目Monoraphidinales，曲壳藻科Achnanthaceae，卵形藻属*Cocconeis*。藻体壳面卵圆形，下壳有分格的宽缘。点线纹由中央向四周射出，粗大，被纵列的无纹带隔成小方格，中央有壳缝。细胞长41～60μm，宽约28μm。会大量贴附在紫菜叶状体上，影响其生长。

17.短柄曲壳藻*Achnanthes brevipes* C. Agardh，1824

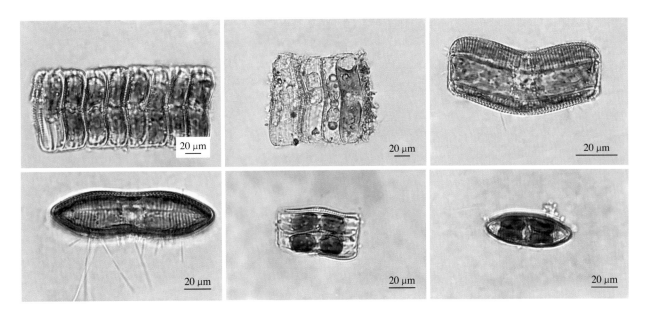

　　隶属单壳缝目 Monoraphidinales，曲壳藻科 Achnanthaceae，曲壳藻属*Achnanthes*。以单细胞生活或连成链，或以胶质柄附着在他物上。上壳面具假壳缝，下壳面具壳缝和极节。壳面纵轴弯曲，带面屈膝形。生活在海水、淡水和半咸水中。海产，最初为附着生活，受风浪打散后即进行浮游生活。中国渤海、东海、台湾近海等均有分布。是菲律宾蛤仔的优质饵料。

18.舟形藻*Navicula* sp.

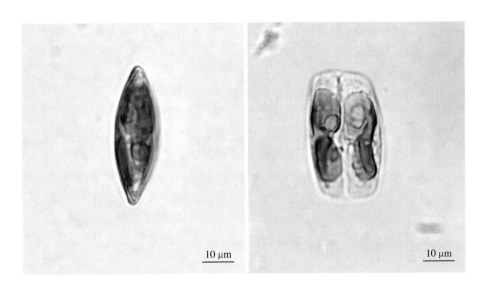

　　隶属双壳缝目 Biraphidinales，舟形藻科 Naviculaceae，舟形藻属*Navicula*。壳面呈线形、披针形或椭圆形，壳面具横线纹、布纹等。中轴区狭窄，壳缝发达，具中央节和极节。带面呈长方形。色素体呈片状，多为2个。本属种类极多，为硅藻门中最大一属，海水、淡水及半咸水均有分布。

19.针刺舟形藻*Navicula spicula* (Hickie) Cleve，1849

壳面呈狭窄的线形、披针形或纺锤体形，横线纹平行，横线纹数每10 μm大于25条。有加宽的"十"字形中央结。

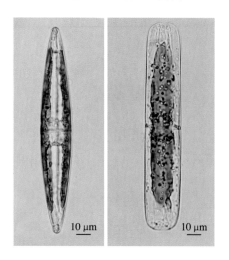

20.膜状缪氏藻*Meuniera membranacea* (Cleve) Silva，1997

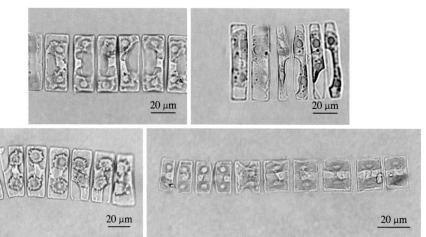

隶属双壳缝目Biraphidinales，舟形藻科Naviculaceae，缪氏藻属*Meuniera*。又称膜质舟形藻*Navicula membranacea* Cleve，1897。长轴带面呈长方形，壳面与环带间有锯齿状小凹陷，壳面舟形，相邻细胞通过壳面连成短直链，色素体呈长带状，2个。在海洋浮游生物中常见，广泛分布于世界各海区。

21.大羽纹藻*Pinnularia major* (Kützing) Rabenhorst，1853

隶属双壳缝目Biraphidinales，舟形藻科Naviculaceae，羽纹藻属*Pinnularia*。壳面呈长椭圆形，长140～200 μm，宽25～40 μm。两侧平行或中部略膨大，两端圆。壳面具横肋纹，每10 μm有5～7条，并有2条平行纵线纹与横肋纹交叉。横肋纹全部呈放射状排列。末端无横线纹。壳缝在中线上，直或扭曲，到末端呈分叉状。中心区呈长方形。带面呈长方形，色素体2个，片状，位于带面两侧。

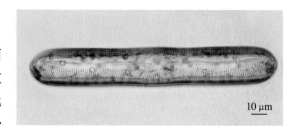

22.美丽曲舟藻*Pleurosigma formosum* W. Smith，1852

　　隶属双壳缝目Biraphidinales，舟形藻科Naviculaceae，曲舟藻属*Pleurosigma*。壳面呈S形，壳缝也呈S形，点线纹斜列，中央节小而圆，带面狭窄，色素体2个。中国近岸常见种，底栖种，在浮游生物中也有出现。

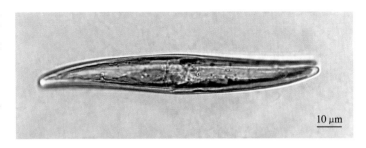

10 μm

23.端尖曲舟藻*Pleurosigma acutum* Norman，1861

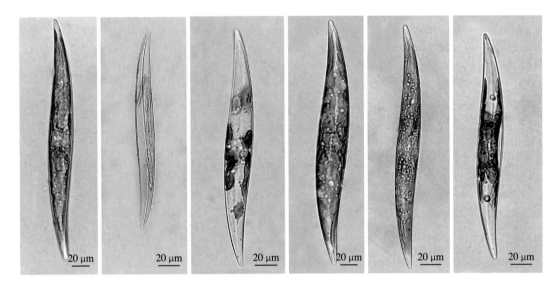

20 μm　20 μm　20 μm　20 μm　20 μm　20 μm

　　壳面呈狭长S形，末端很尖。色素体2个，长带状。图片样品采自辽宁大连黑石礁。

24.近缘曲舟藻*Pleurosigma affine* Grunow，1880

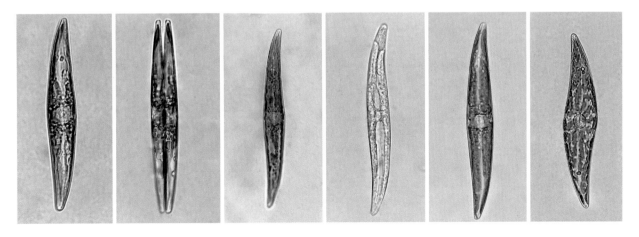

　　又称相似曲舟藻。壳面呈S形，末端稍尖。壳缝也呈S形。中央结节区向两侧扩大。带面狭窄。壳面长256～266 μm，宽52～62 μm。世界性广布种。

25. 海洋曲舟藻 *Pleurosigma pelagicum* Peragallo，1891

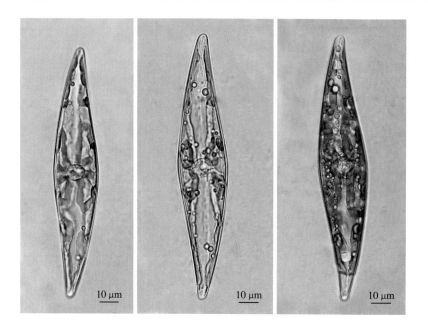

藻体呈S形，末端很尖。壳缝亦呈S形。点线纹斜向交叉呈70°角。世界性广布种。

26. 诺马曲舟藻 *Pleurosigma normanii* Ralfs，1891

藻体细胞长，壳面S形，两端尖。色素体2个，长带状。图片样品采自辽宁大连黑石礁。

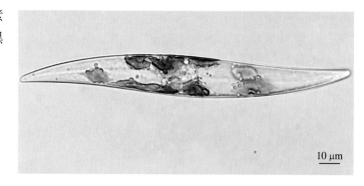

27. 宽角曲舟藻 *Pleurosigma angulatum*（Quekett）W. Smith，1852

藻体细胞长，壳面呈S形，两端尖。色素体2个，双折带状。图片样品采自辽宁大连黑石礁。

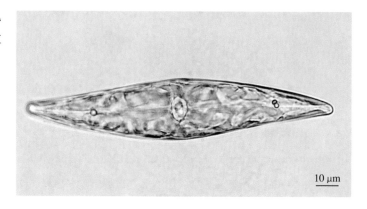

28.簇生布纹藻 *Gyrosigma fasciola* (Ehrenberg) Griffith & Henfrey，1856

隶属双壳缝目 Biraphidinales，舟形藻科 Naviculaceae，布纹藻属 *Gyrosigma*。细胞纵横线纹垂直交叉呈布纹状。末端伸长部分非常狭窄。长 60 ~ 140 μm，宽 14 ~ 16 μm，厚约 15 μm。主要生活在淡水中，海水和半咸水也有分布。

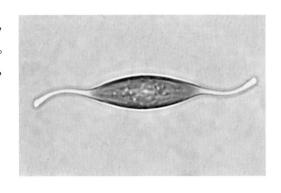

29.尖布纹藻 *Gyrosigma acuminatum* (Kützing) Rabenhorst，1853

壳面披针形，呈 S 形弯曲。长 80 ~ 120 μm，宽 12 ~ 15 μm。纵横线纹等粗，交叉呈布纹状。以单细胞生活，中部膨大，末端尖细。分布广泛，海水、半咸水和淡水均有分布。

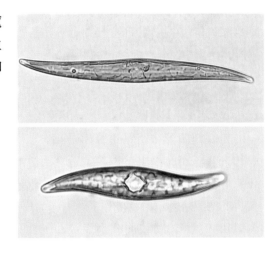

30.波罗的海布纹藻 *Gyrosigma balticum* (Ehrenberg) Rabenhorst，1853

细胞狭而扁。壳面呈 S 形。壳缝在壳中线上，也呈 S 形。从中部向两端逐渐尖细，末端尖或钝圆。中轴区狭窄，S 形，中央节处略膨大。花纹为纵横线纹"十"字形交叉构成的布纹。带面呈披针形。色素体 2 个，片状，长 250 ~ 300 μm，宽约 25 μm，厚约 32 μm。中国近海有分布，半咸水中也有发现。

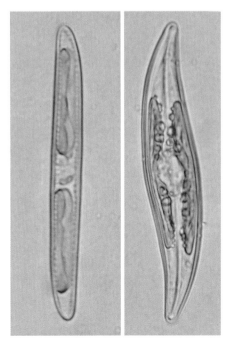

31. 蜂腰双壁藻 *Diploneis bombus* Ehrenberg，1844

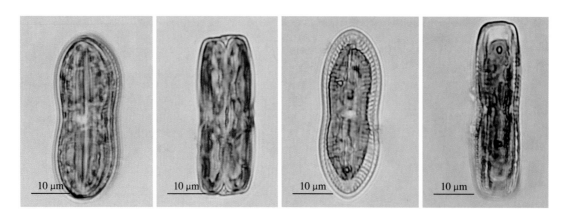

隶属双壳缝目Biraphidinales，舟形藻科Naviculaceae，双壁藻属*Diploneis*。藻体以单细胞生活，壳面中部明显收缩，使细胞分为上下近等大的两部分。中央节明显，其两侧无纹沟数量较多。带面呈长方形。色素体2个，板状。底栖种，偶尔浮游。图片样品采自辽宁大连黑石礁。

32. 卵圆双壁藻 *Diploneis ovalis* (Hilse) Cleve，1891

壳面椭圆形，两侧边缘略凸出，长20～100 μm，宽10～35 μm。中央节很大，近圆形。具有明显的平行的角状凸起，两侧纵沟狭窄，中部略宽，明显弯曲。横肋纹粗，略呈放射状排列，每10 μm具10～19条（多数为13～19），肋纹间有小点纹。带面呈长方形。色素体2个，板状。分布在淡水、半咸水中。

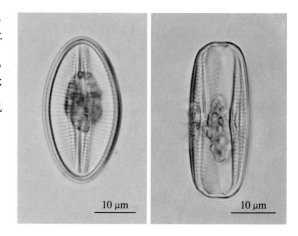

33. 椭圆双壁藻 *Diploneis elliptica* (Kützing) Cleve，1894

壳面呈长椭圆形或近菱形的椭圆形，末端钝圆，长20～130 μm，宽10～60 μm。中央节略大，略呈圆角矩形，角状突起明显，两侧纵沟狭窄，在中心区较宽。横肋纹粗，略呈放射状，肋纹间的大窝孔纹每10 μm具9～14条。带面呈长方形，色素体2个。淡水、半咸水均可见。

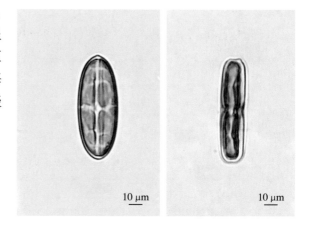

34. 细条羽纹藻 *Pinnularia microstauron* (Ehrenberg) Cleve，1891

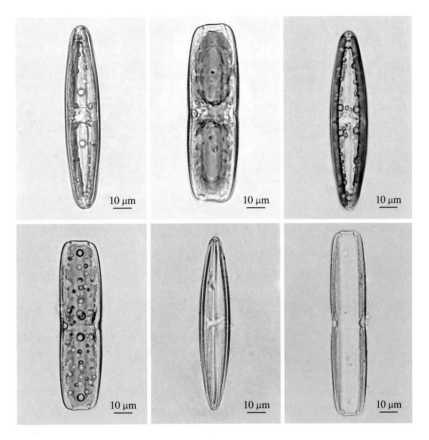

  隶属双壳缝目 Biraphidinales，舟形藻科 Naviculaceae，羽纹藻属 *Pinnularia*。藻体以单细胞生活。壳面呈椭圆形或披针状，两侧平行，中轴区窄。壳面具平行的横肋纹。带面呈长方形，色素体2个，片状，位于带面两侧。

35. 缢缩异极藻 *Gomphonema constrictum* Ehrenberg ex Kützing，1844

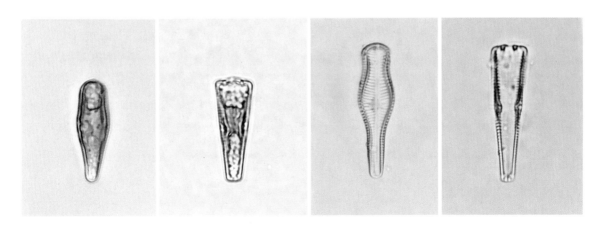

  隶属双壳缝目 Biraphidinales，异极藻科 Gomphonemaceae，异极藻属 *Gomphonema*。藻体以单细胞生活，藻体细胞呈披针形，上下几乎对称，中部凸出至末端接近直线。长25～110 μm，宽5～14 μm。壳面呈棒状，在上部与中部之间有一显著缢部，上端宽，末端扁平或头状。带面呈倒梯形。浮游植物。

36. 尖异极藻 *Gomphonema acuminatum* Ehrenberg，1832

藻体以单细胞生活，壳面两端明显不对称。壳面楔形，壳面上端宽头状，略凹入，中部略凸出，下端明显逐渐狭窄，长 20 ~ 70 μm，宽 5 ~ 11 μm。中轴区狭窄，中心区大小中等，在其一侧有一个单独的点纹，横线纹呈放射状排列，每 10 μm 具 10 ~ 13 条。带面呈倒梯形。细胞常着生在叉状分枝的胶质柄上。

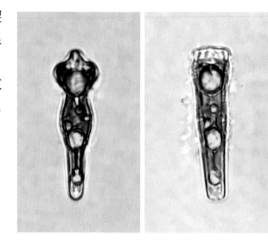

37. 窄异极藻 *Gomphonema angustatum* (Kützing) Rabenhorst，1864

壳面细长，棒状，末端钝圆，长 12 ~ 45 μm，宽 5 ~ 9 μm。中轴区狭窄，线形。中心区一侧有 1 个单独的点纹。横线纹放射状排列，每 10 μm 具 9 ~ 14 条。普生性种类。

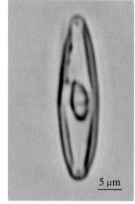
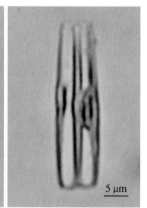

38. 翼状茧形藻 *Amphiprora alata* (Kützing) Ehrenberg，1844

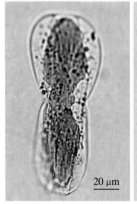

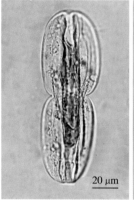
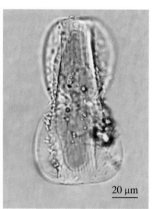

隶属双壳缝目 Biraphidinales，舟形藻科 Naviculaceae，茧形藻属 *Amphiprora*。藻体以单细胞生活，带面呈双凹的椭圆形，壳面梭形，两端渐大，顶端钝圆。壳上有龙骨点，壳缝 S 形，色素体大，1 个，呈板状。本种为海产或生活在半咸水中，分布广泛，中国沿海多有分布。

39. 细小桥弯藻 *Cymbella pusilla* Grunow，1875

隶属双壳缝目 Biraphidinales，桥弯藻科 Cymbellaceae，桥弯藻属 *Cymbella*。壳面呈新月形，背面边缘凸出，腹侧边缘相对平直或略凸，末端圆，长 20 ~ 40 μm，宽 4 ~ 7.5 μm。中轴区狭窄，中央节处略扩大。壳缝直，偏向腹侧。

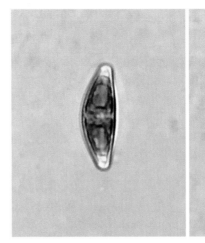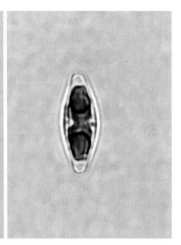

40. 卵形双眉藻 *Amphora ovalis* (Kützing) Kützing，1844

隶属双壳缝目 Biraphidinales，桥弯藻科 Cymbellaceae，双眉藻属 *Amphora*。多数以单细胞生活，着生或浮游。壳面呈新月形，腹侧凹入，末端钝圆形。腹侧横线纹中部间断，末端斜向极节，横线纹在背侧呈放射状排列，每 10 μm 具 10 ~ 16 条。带面宽椭圆形，末端平截形，长 20 ~ 140 μm，宽 15 ~ 63 μm，两侧边缘均为弧形。色素体 1 ~ 4 个。多为海产。

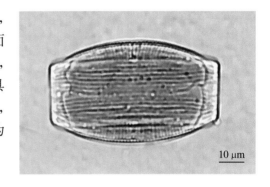

10 μm

41. 直唐氏藻 *Donkinia recta* (Donkin) Grunow，1883

隶属双壳缝目 Biraphidinales，舟形藻科 Naviculaceae，唐氏藻属 *Donkinia*。藻体细胞侧扁，近梭形，突出，壳缝 S 形。带面呈长椭圆形，中央缢缩。色素体 2 个，锯齿状。通常长 87 μm 左右，宽 29 ~ 32 μm。青岛沿海种较大，长 196 μm 左右，宽 52 ~ 68 μm。

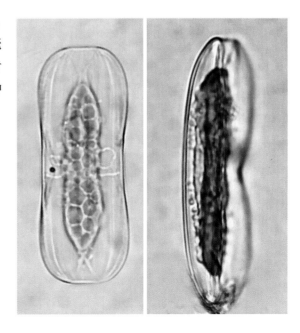

42.弯形弯楔藻 *Rhoicosphenia curvata* (Kützing) Grunow，1864

隶属双壳缝目Biraphidinales，异极藻科Gomphonemaceae，弯楔藻属 *Rhoicosphenia*。壳面呈棒形，长12～75 μm，宽4～8 μm。一壳面凸出，其上下两端仅具发育不全的壳缝，横线纹每10 μm具10～15条；另一壳面凹入，具壳缝。带面呈弯楔形，上宽下窄，上方具有2个平行于表面且与宽相等的隔膜。分布于淡水、半咸水和海水中。

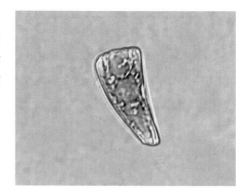

43.洛伦菱形藻 *Nitzschia lorenziana* Grunow，1880

隶属管壳缝目Aulonoraphidinales，菱形藻科Nitzschiaceae，菱形藻属 *Nitzschia*。藻体细胞略呈S形，壳面长，针杆状，末端钝圆。长130～225 μm，宽6～12.5 μm。世界性广布种。通常底栖，亦可浮游。

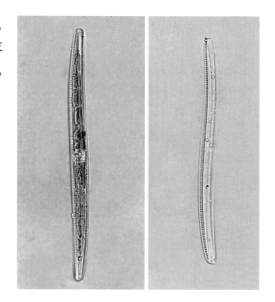

44.长菱形藻 *Nitzschia longissima* (Kützing) Pritchard，1861

藻体以单细胞生活，壳面中央膨大，两端细长。长约415 μm，宽4～13 μm。色素体2个，位居中央，呈上下位。本种为潮间带种类，常见于浮游生物群中。分布较广泛。

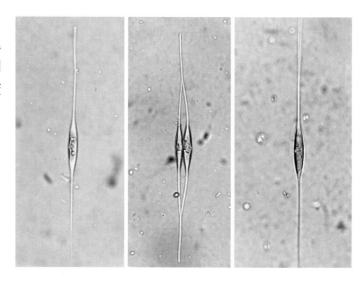

45. 谷皮菱形藻 *Nitzschia palea* var. *palea* (Kützing) W. Smith, 1856

细胞线形或披针形，两端逐渐狭窄，中部膨大。藻体以单细胞生活。从壳面观，管壳缝常在一侧，但管壳缝常不易看到，只能看到龙骨点。花纹左右排列，无中央节和端节。长20～65 μm，宽2～5 μm。

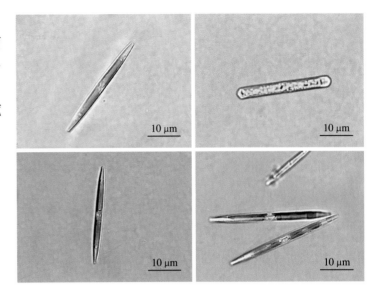

46. 弯端长菱形藻（原变种）*Nitzschia longissima* var. *sinuata* (Kützing) Pritchard, 1861

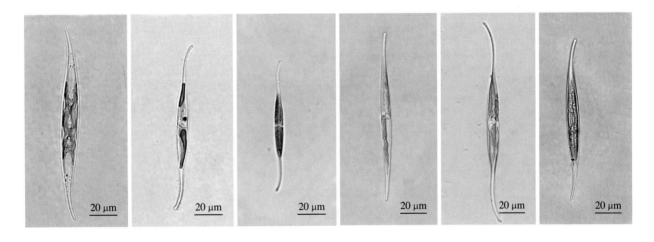

藻体以单细胞生活，两端延长。壳面两端反向弯曲，中间略膨大。从壳面观，管壳缝常在一侧，但常不易看到，只能看到龙骨点。花纹左右排列。无中央节和端节。色素体2个，位居中央，呈上下位。淡水、半咸水和海水中均有分布。

47. 琴式菱形藻 *Nitzschia panduriformis* Gregory, 1875

藻体细胞壳面近似茧形，中央凹缢部明显，两端钝圆。

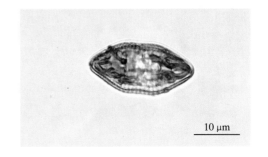

48.派格棍形藻*Bacillaria paxillifera* Hendey，1964

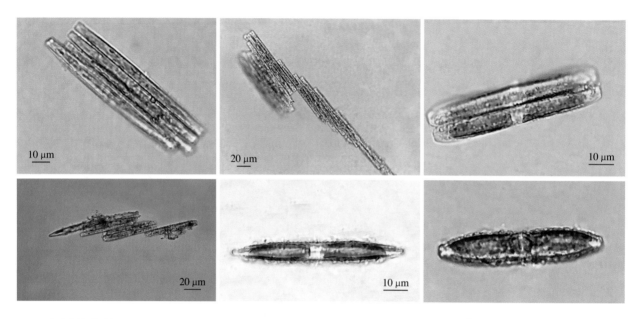

隶属管壳缝目Aulonoraphidinales，菱形藻科Nitzschiaceae，棍形藻属*Bacillaria*。又称奇异菱形藻*Nitzschia paradoxa*。藻体细胞长70～115 μm。壳面线形，末端拉长。带面呈长方形。壳面呈棍形，由壳面彼此并排相连成链状群体，壳间可滑动。

49.尖刺伪菱形藻*Pseudo-nitzschia pungens* (Grunow ex Cleve) Hasle，1993

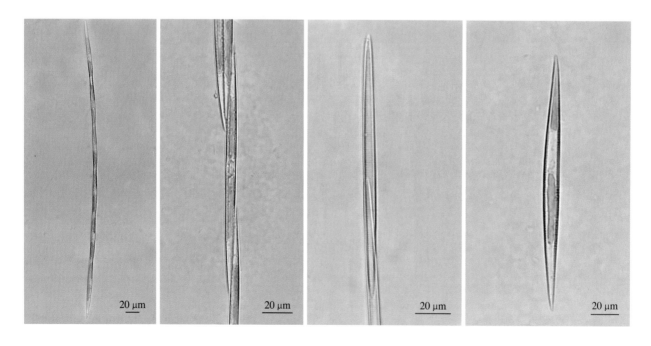

隶属管壳缝目Aulonoraphidinales，菱形藻科Nitzschiaceae，伪菱形藻属*Pseudo-nitzschia*。壳面呈长梭形，两端尖。相邻细胞借壳面连成可滑动的链状群体，末端相叠，相连部达细胞的1/4～1/3。色素体2个。分布广泛。

50. 新月柱鞘藻 *Cylindrotheca closterium* (Ehrenberg) Reimann & J.C.Lewin，1964

隶属管壳缝目Aulonoraphidinales，菱形藻科Nitzschiaceae，柱鞘藻属*Cylindrotheca*。又称新月菱形藻或新月拟菱形藻*Nitzschiella closterium*。藻体以单细胞生活。壳有龙骨点。壳面中央膨大，两端细长，向同方向弯曲成弓形，末端呈长鸭嘴状。本种营潮间带底栖生活，在浮游生物中也常见，已在实验室大量培养，是水产养殖动物幼体的良好饵料。

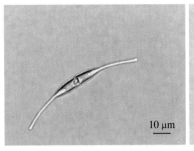 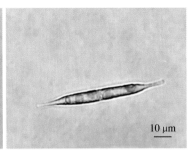

51. 波状马鞍藻 *Campylodiscus undulates* Greville，1863

隶属管壳缝目Aulonoraphidinales，双菱藻科Surirellaceae，马鞍藻属*Campylodiscus*。细胞呈马鞍状弯曲，壳面呈圆环状。一个半细胞对着另一个半细胞围着贯壳轴旋转90°角，因此贯壳轴也围着横轴关节弯曲。

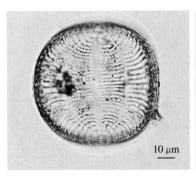 

52. 三角褐指藻 *Phaeodactylum tricornutum* Bohlin，1897

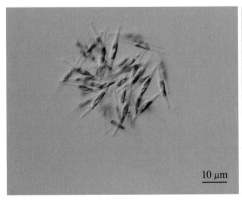 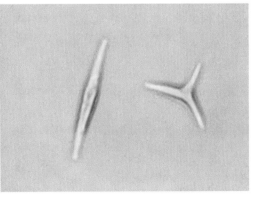

隶属褐指藻目Phaeodactylales，褐指藻科Phaeodactylaceae，褐指藻属*Phaeodactylum*。藻体以单细胞生活。通常有卵形、纺锤形和三叉形3种类型，三叉形细胞较少见；卵形细胞常具硅质化壳，能运动；纺锤形细胞缺乏硅质壳，不能运动。色素体1个。卵形细胞长约8 μm，宽约3 μm，有一个和桥弯藻相似的硅质壳面，缺少另一壳面，无壳环带。纺锤形细胞长25 ~ 35 μm，有2个稍钝且略弯曲的臂。三叉形的细胞有3个臂，臂长为6 ~ 8 μm，细胞长10 ~ 18 μm，细胞中心部分有1个细胞核。中国沿海均有分布。此种硅藻被广泛作为培养对象，是实验生态学的良好材料，也是鱼、虾、贝幼体的良好饵料。

三、金藻门Chrysophyta

1. 变形色金藻*Chromulina pascheri* Hofeneder，1913

隶属金藻纲Chrysophyceae，色金藻目Chromulinales，色金藻科Chromulinaceae，色金藻属*Chromulina*。即变形单鞭金藻。细胞呈等边形或纺锤形，细胞裸露，可变形。色素体呈片状，1～2个，有2个色素体的个体，色素体位于细胞两侧。细胞核1个，其位置可在细胞前端、中部或后端。有的具1个红色眼点。

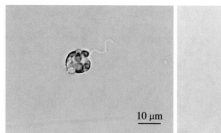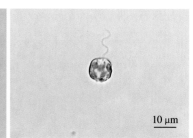

2. 小三毛金藻*Prymnesium parvum* N. Carter，1937

按新的分类系统，小三毛金藻隶属普林藻门Prymnesiophyta，普林藻纲Prymnesiophyceae，普林藻目Prymnesiales，普林藻科Prymnesiaceae，三毛金藻属*Prymnesium*。亦称小普林藻或小土栖藻。细胞呈椭球形或球形。前端有3根鞭毛，中间较短，两侧鞭毛近等长。鞭毛基部

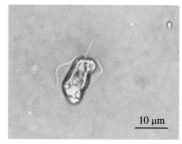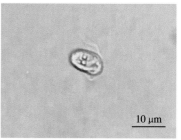

附近有1个收缩泡，两侧有2个金黄色叶状色素体，白糖素位于后端。在细胞的中部有许多微粒。细胞的个体很小，需在电子显微镜下才能看清内部结构。广盐性种类，广泛分布于沿海和半咸水中。该藻能产生鱼毒素，常给水产养殖造成很大的经济损失。

3. 四角网骨藻*Distephanus fibula* Ehrenberg，1839

隶属金胞藻目Chrysomonadales，网骨藻科Dictyochaceae（硅鞭金藻科Silicoflagellaceae），网骨藻属*Distephanus*（等刺硅鞭藻属）。又称小等刺硅鞭藻*Dictyocha fibula*。细胞支架呈四角形，鞭毛1条，并可伸出微细的伪足。中国近海常见种。

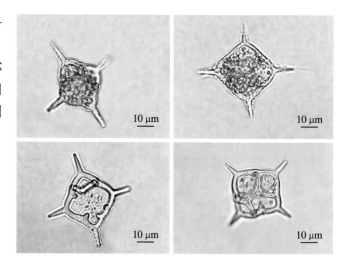

4.六角网骨藻七刺变种Distephanus speculum var.Septenarius (Ehrenberg) Joergense，1899

基环有分支的刺7根。

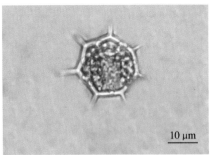

5.六角网骨藻八刺变种Distephanus speculum var.octonarium (Ehrenberg) Joergensen，1899

基环有分支的刺8根。

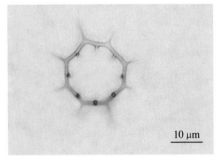

6.八角网骨藻多刺变种Distephanus octonarius var.octonarium (Ehrenberg) Joergensen，1899

基环有分支的刺8根以上。

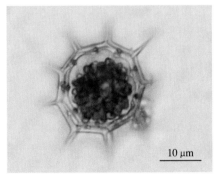

7.球等鞭金藻Isochrysis galbana Parke emend. Green & Pienaar，1977

隶属金胞藻目Chrysomonadales，等鞭金藻科Isochrysidaceae，等鞭金藻属Isochrysis。又称黄绿等鞭金藻。藻体以单细胞生活，长5～6μm，宽2～4μm，厚2.5～3μm。椭球形，前端平截，后端钝圆。背腹扁平，形态可变。具有2条等长的鞭毛，色素体2个，侧生。可大量培养作为海水鱼、虾、贝幼苗的活饵料。

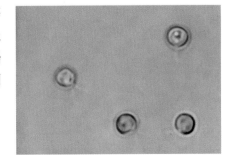

8.湛江等鞭金藻 *Isochrysis zhanjiangensis* Hu，1992

藻体以单细胞生活，细胞裸露，细胞直径5～7μm，色素体1～2个。可作为水产动物饵料大量培养。

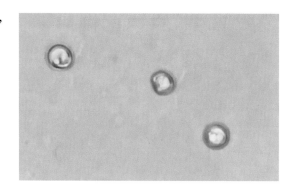

9.变形棕鞭藻 *Ochromonas mutabilis* Klebs，1892

隶属色金藻目Chromulinales，棕鞭藻科Ochromonadaceae，棕鞭藻属*Ochromonas*。细胞可变形，常为椭球形、卵形或球形，前端钝圆略凹入，尾部可伸长或缩短。长15～30μm，宽8～22μm。鞭毛2个，不等长，长鞭毛为身长的1.5～2倍，短鞭毛为身长的1/4。眼点呈点状。收缩泡2个。色素体2个，片状，周生，位于细胞两侧。

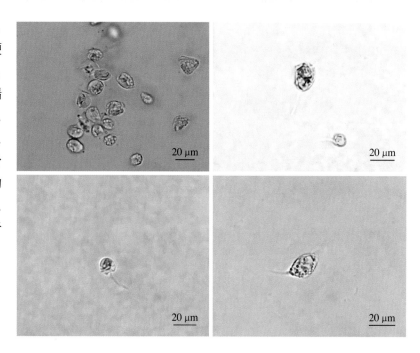

10.锥形拟金杯藻 *Kephyriopsis conica* Schiller，1926

隶属色金藻目Chromulinales，锥囊藻科Dinobryonaceae，拟金杯藻属*Kephyriopsis*。藻体以单细胞生活，囊壳呈圆锥形，鞭毛2根。

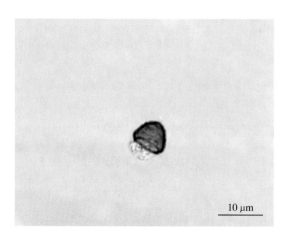

11.分歧锥囊藻 *Dinobryon divergens* O. E. Imhof，1887

隶属色金藻目 Chromulinales，锥囊藻科 Dinobryonaceae，锥囊藻属 *Dinobryon*。藻体为树状群体。细胞具圆锥形或钟形，含硅的纤维素果胶的囊壳。囊壳前端为圆形喇叭状开口，后端呈锥形，囊壳透明或呈黄褐色，表面平滑或具花纹，两侧呈波状。囊壳长 $30 \sim 65\,\mu m$，宽 $8 \sim 11\,\mu m$。原生质体呈纺锤形、圆锥形或卵形，前端具2条不等长鞭毛，长的一条伸出在囊壳开口处，基部以细胞质短柄附着于囊壳的底部。细胞内有1个眼点。一至多个收缩泡。色素体 $1 \sim 2$ 个，片状，周生。同化产物为白糖素，常为1个大的球状体，位于细胞后端。分布广泛。

10 μm

12.圆筒锥囊藻 *Dinobryon cylindricum* O.E.Imhof，1887

形态同分歧锥囊藻，区别是囊壳在群体中分离扩展。细胞后端尖，两侧不呈波状。多分布于贫营养型水体中。

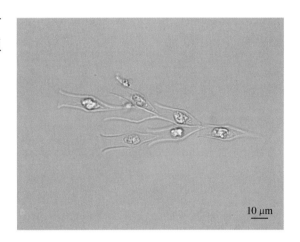

10 μm

13.密集锥囊藻 *Dinobryon sertularia* Ehrenberg，1834

藻体为树状群体。细胞钟形，粗而短。囊壳前端为圆形喇叭状开口，中上部略收缢，后端短而渐尖。囊壳淡黄色，表面平滑，两侧不呈波状。囊壳长 $30 \sim 40\,\mu m$，宽 $10 \sim 14\,\mu m$。

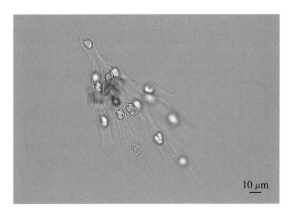

10 μm

四、黄藻门Xanthophyta

1.绿海球藻 *Halosphaera viridis* Schmitz，1878

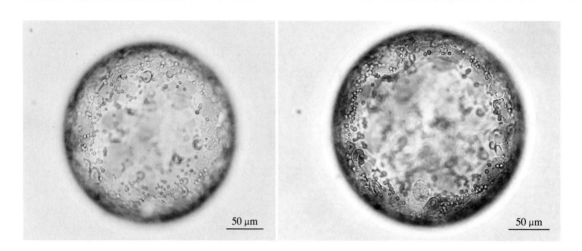

隶属黄藻门Xanthophyta，海球藻属*Halosphaera*。按新的分类方法，隶属绿藻门Chlorophyta，真绿藻纲Prasinophyceae，葱绿藻目Pyramimonadales，葱绿藻科Pyramimonadaceae。细胞球形，个体大，细胞壁硅质化程度较强，细胞核1个，位于细胞中央或侧面。直径200～620 μm。细胞壁由相等的两瓣组成，以边缘相连。色素体多个，侧生。幼细胞的色素体由原生质丝连成网状。中国近海均有分布。

2.赤潮异弯藻 *Heterosigma akashiwo* (Y.Hada) Y.Hada ex Y.Hara & M.Chihara，1987

隶属异鞭藻门Ochrophyta，针胞藻纲Raphidophyceae，卡盾藻目Chattonellales，卡盾藻科Chattonellaceae，异弯藻属*Heterosigma*。藻体以单细胞营浮游生活。细胞体呈黄褐色或褐色，无细胞壁，由周质膜包被，故细胞形状变化很大。藻体一般略呈椭球形，长8～25 μm，宽6～15 μm，厚度变化大。细胞腹部略凹，在细胞一端近体长的1/4～1/3处生一短沟状的斜凹陷，自此凹陷的底部生出2条不等长的鞭毛，长者约为细胞长度的1.3倍，短者为细胞长度的0.7～0.8倍。藻体活动时，鞭毛常弯曲或与细胞长轴垂直伸出。细胞核略呈圆形，位于细胞中部。在每

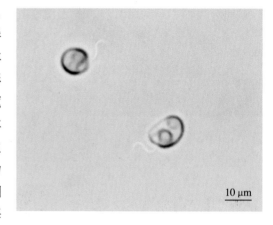

个细胞的近细胞膜处，有8～20个棕黄色的盘状色素体，各色素体内均含1个蛋白核。无眼点，有许多无色透明的油粒。以细胞二分裂进行繁殖。在中国从北到南都能生长和分布。该种在大连湾、胶州湾等海域曾多次形成赤潮。

3.海洋卡盾藻 *Chattonella marina* (Subrahmanyan) Hara & Chihara，1982

隶属针胞藻纲Raphidophyceae，卡盾藻目Chattonellales，卡盾藻科Chattonellacede，卡盾藻属*Chattonella*。藻体以单细胞生活，黄褐色，长30～55 µm，宽20～32 µm。细胞裸露无壁，纺锤形或卵形，后端一般无显著尖尾，背腹纵扁，腹面中央具1条纵沟，鞭毛2条，前伸鞭毛为游泳鞭毛，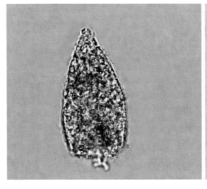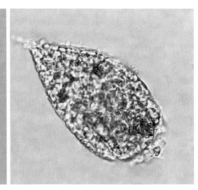后曳鞭毛紧贴纵沟。色素体数量较多，椭圆形或卵形，由中心向四周呈放射状排列。本种会对鱼类养殖业造成极大损害，在中国台湾沿海、南海大鹏湾、北黄海等海域都曾形成过赤潮，也是日本沿海常见赤潮生物。

4.小型黄丝藻 *Tribonema minus* (Wille) Hazen，1902

隶属异丝藻目Heterotricales，黄丝藻科Tribonemataceae，黄丝藻属*Tribonema*。藻体为单列细胞组成的不分枝的丝状体，细胞为圆柱形或两侧略膨大呈腰鼓形，长为宽的2～5倍。细胞壁由2个相等的H形节片套合而成。细胞内含有一至多个周生的盘状或带状色素体，单核。

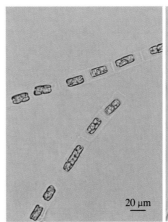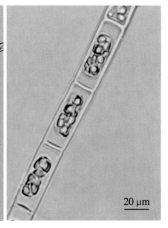

20 µm　　20 µm

5.无根拟气球藻 *Botrydiopsis arhiza* Borzi，1955

按现行分类系统隶属异鞭藻目Ochrophyta，黄藻纲Xanthophyceae，气球藻目Botrydiales，气球藻科Botrydiaceae，拟气球藻属*Botrydiopsis*。藻体以单细胞生活，球形，细胞壁薄，个体大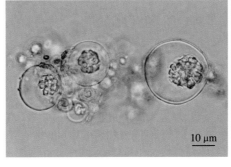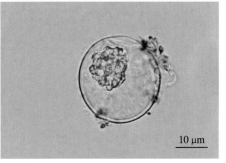

10 µm　　10 µm

小相差很大，大细胞中央有1个大液泡。幼细胞有1～2个色素体，成熟后色素体数量较多，椭圆形、多角形或盘状，周生。

五、隐藻门Cryptophyta

1.尖尾蓝隐藻Chroomonas acuta Utermöhl, 1925

隶属隐藻纲Cryptophyceae, 隐鞭藻目Cryptomonadales, 隐鞭藻科Cryptomonadaceae, 蓝隐藻属 *Chroomonas*。细胞呈长卵形。前端斜截或平直, 后端渐尖, 背腹扁平, 2条鞭毛近等长, 纵沟或口沟常不明显。色素体1个, 盘状, 周生, 呈蓝色或蓝绿色。细胞核1个, 位于细胞下半部。细胞长7～10 μm, 宽4.5～5.5 μm。

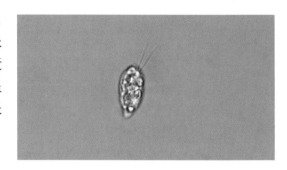

2.长圆蓝隐藻Chroomonas oblonga (Playfair) Pascher

细胞呈长卵形、椭球形、近球形、圆柱形或纺锤形。前端斜截或平直, 后端钝圆或渐尖, 背腹扁平, 2条鞭毛不等长, 纵沟或口沟常不明显。色素体多为1个, 少数为2个, 盘状, 周生, 呈蓝色或蓝绿色。细胞核1个, 位于细胞下半部。

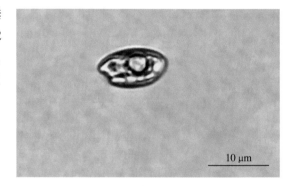

3.卵形隐藻Cryptomonas ovata Ehrenberg, 1832

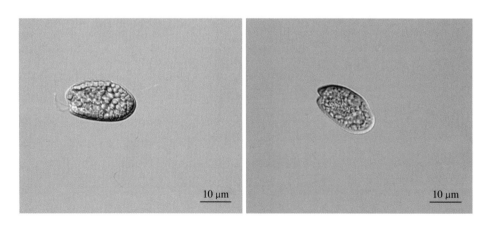

隶属隐藻纲Cryptophyceae, 隐鞭藻目Cryptomonadales, 隐鞭藻科Cryptomonadaceae, 隐藻属 *Cryptomonas*。藻体呈卵圆形, 前端有1个明显凹陷的口沟和2条等长的鞭毛, 腹部较为平直, 背部明显隆起。细胞壁非常薄。喜欢生活在有机物丰富的富营养化水体中。当其数量较多时, 会使水体产生鱼腥味。淡、海水中均有分布。

4.啮蚀隐藻 *Cryptomonas erosa* Ehrenberg，1832

藻体以单细胞生活，具鞭毛，能运动。细胞有背腹之分，背部隆起，腹部平直或略凹。细胞后端大多渐狭，末端呈狭钝圆形。纵沟常不明显，口沟附件有刺丝泡。常见于中国北方淡、海水中。

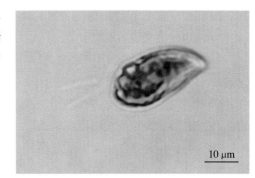

六、甲藻门 Pyrrophyta

1.海洋原甲藻 *Prorocentrum micans* Ehrenberg，1835

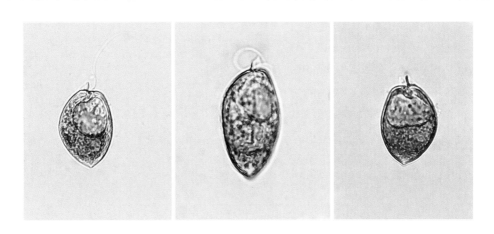

隶属纵裂甲藻亚纲 Desmokontae，原甲藻目 Prorocentrales，原甲藻科 Prorocentraceae，原甲藻属 *Prorocentrum*。细胞侧扁，呈瓜子形。细胞前圆后尖，藻体中部最宽，体长 42 ~ 70 μm，宽 22 ~ 50 μm，顶刺长 6 ~ 8 μm。本种是世界性广布种，广泛分布于浅海、大洋和河口中。是中国沿岸牡蛎和幼鱼的饵料之一，大量繁殖可形成赤潮且有发光现象，是太平洋东岸形成赤潮的主要种类之一。

2.利马原甲藻 *Prorocentrum lima* (Ehrenberg) Dodge，1975

细胞呈卵形，中后部最宽阔，长 42 ~ 45 μm，宽 25 ~ 30 μm。中心有 1 个蛋白核，后部为细胞核。前端有 V 形鞭毛孔，无顶刺。广泛分布于热带水域中，主要生活在河口或浅海的海草或沙粒上，也营浮游生活。世界性广布种，中国沿海有分布。可产生腹泻性贝毒 (diarrhetic shellfish poisoning，DSP)。

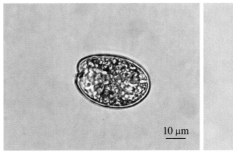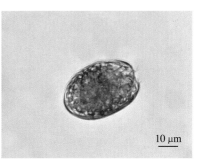

3.微小原甲藻*Prorocentrum minimum* (Pavillard) Schiler，1931

藻体细胞小，体长15～24 μm，宽13～21 μm，顶刺2个，一大一小，大者长约1 μm，小者不明显。藻体可变形，一般壳面呈心形或卵形。细胞前宽后细圆。两壳面布满小刺。是沿岸种，分布广泛。可引发赤潮，会造成鱼类大量死亡。

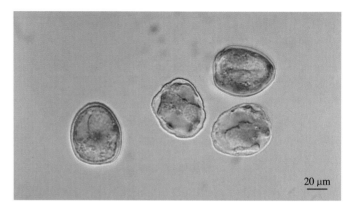

4.渐尖鳍藻*Dinophysis acuminata* Claparède & Lachmann，1859

隶属横裂甲藻亚纲Dinokontae，鳍藻目Dinophysiales，鳍藻科Dinophysiaceae，鳍藻属*Dinophysis*。藻体细胞小型或中型，长39～48 μm，宽29～36 μm。细胞横沟的边翅斜伸向前，呈漏斗状。左沟边翅较发达，约为体长的一半。右沟边翅后端逐渐缩小略呈三角形。壳面有孔纹，色素体呈黄绿色。藻体呈球形或椭球形，细胞表面具小网眼结构。

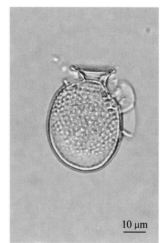 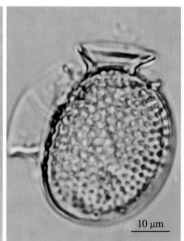

5.具尾鳍藻*Dinophysis caudata* Saville-Kent，1881

细胞横沟的边翅斜伸向前，呈漏斗状。左沟边翅较发达，约为体长的一半，右沟边翅后端逐渐缩小略呈三角形。壳面有孔纹，色素体呈黄绿色。细胞下壳后端延伸，呈细长的圆锥形突起。

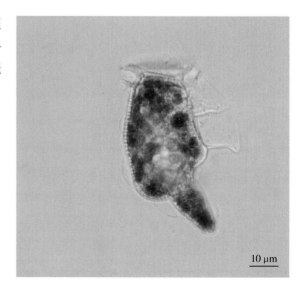

6.圆鳍藻*Dinophysis rotundata* Claparède & Lachmann，1859

藻体细胞中型，体长43～46μm，宽37～39μm。侧面观呈圆形或椭圆形，上壳短，约为体长的1/4，明显凸起。横沟较宽，横沟边缘向斜上方伸出。下壳发达，纵沟左边翅发达，约为体长的一半。壳面眼纹及孔清晰。分布广泛。

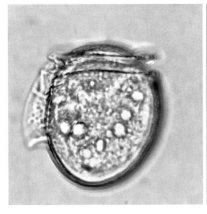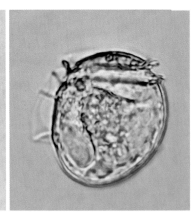

7.弓形牛骨藻*Oxyphysis oxytoxoides* Kofoid，1926

隶属甲藻纲Dinophyceae，甲藻目Dinophysales，牛骨藻科Oxyphysaceae，牛骨藻属*Oxyphysis*。弓形牛骨藻是一种单细胞的双鞭甲藻，外形多少呈牛膝骨状或刺状。细胞壁由2个大甲片和众多小甲片组成，通常不可见。上壳略窄于下壳，上下壳末端均生有小刺。细胞壁上光滑或具小孔，小孔可能是向细胞外释放有机质的通道。

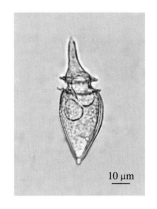

10 μm

8.夜光藻*Noctiluca scientillans* (Macartney) Kofoid & Swezy，1921

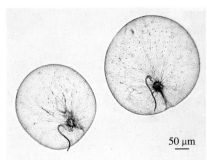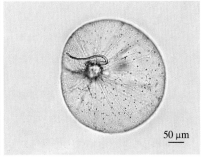

50 μm　50 μm

　　隶属夜光藻纲Noctiluciphyceae，夜光藻目Noctilucales，夜光藻科Noctilucaceae，夜光藻属*Noctiluca*。细胞球形，呈囊状，没有外壳。幼体似裸甲藻，成体横沟及鞭毛均不明显。以单细胞生活，直径最长可达2mm，肉眼可见。纵沟与口沟相通，末端生出1条触手，2条鞭毛均退化。细胞中央有1大液泡。细胞核1个。原生质浓集于口沟附近，呈黄色，原生质丝呈放射状。细胞无色或呈绿色，当夜光藻密集时则可形成粉红色的赤潮，是热带、亚热带海区发生赤潮的主要种类之一。夜光藻夜晚受到海浪冲击会闪闪发光，也是海洋发光现象的主要发光生物。夜光藻分布极广，除寒带海区外，遍及世界各海区。中国近海可大量采到，而以河口附近数量最多。

9. 蓝色裸甲藻 *Gymnodinium coeruleum* Doyiel，1906

隶属裸甲藻亚纲Gymnodiniphycidae，裸甲藻目Gymnodiniales，裸甲藻科Gymnodiniaceae，裸甲藻属*Gymnodinium*。细胞呈椭球形，长约120 μm，宽约60 μm。横沟左旋，纵沟达上壳顶端。表质有纵列条纹。属赤潮种类。

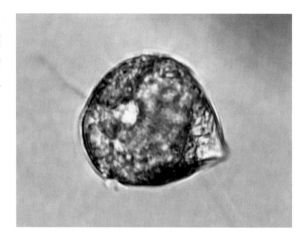

10. 链状裸甲藻 *Gymnodinium catenatum* Graham，1943

藻体呈长卵形，背腹近圆形，体长48 ～ 65 μm，宽30 ～ 43 μm。上壳近锥形，顶端平截，下壳锥形渐细。横沟较深，位于细胞中后部，纵沟从顶端下部起始直至细胞底部，顶沟窄细，起始于纵沟前端，环绕顶端，延伸至接近底部。细胞核大，位于藻体中央。多数色素体较小，黄褐色。该种一般为链状群体，具16 ～ 32个细胞。休眠孢囊呈球形，直径约50 μm，表面呈网状。在中国沿海均有分布，隶属赤潮种类，产生麻痹性贝毒。

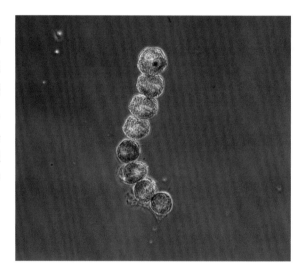

11. 血红阿卡藻 *Akashiwo sanguinea* (Hirasaka) Hansen & Moestrup，1997

隶属裸甲藻亚纲Gymnodiniphycidae，裸甲藻目Gymnodiniales，裸甲藻科Gymnodiniaceae，阿卡藻属*Akashiwo*。亦称红色赤潮藻。细胞长55 ～ 77 μm，宽40 ～ 50 μm。色素体呈茶褐色，纺锤状，由细胞中央向周围放射状分布，是中国沿海常见的赤潮种类之一。

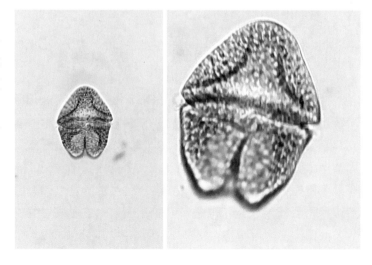

12.强壮前沟藻*Amphidinium carterae* Hulburt，1957

隶属裸甲藻亚纲Gymnodiniphycidae，裸甲藻目Gymnodiniales，裸甲藻科Gymnodiniaceae，前沟藻属*Amphidinium*。细胞呈锥形或双锥形，上壳退化，只占体长的1/4或更少，无鞘，体长为7 ~ 15 μm，宽5 ~ 7 μm，上壳与下壳通过横沟相连，横沟环绕上壳，纵沟位于右侧缘。横鞭毛呈带状，纵鞭毛凸出纵沟，并垂直于横沟。体内有黄色色素体3 ~ 4个。在中国沿海均有分布，属赤潮种类，能够产生溶血性毒素。

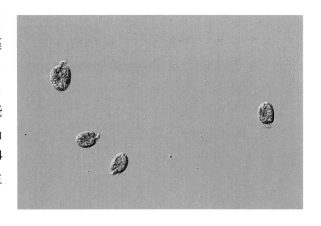

13.螺旋环沟藻*Gyrodinium spirale* (Bergh) Kofoid & Swezy，1921

隶属甲藻纲Dinophyceae，裸甲藻目Gymnodiniales，裸甲藻科Gymnodiniaceae，环沟藻属*Gyrodinium*。藻体纺锤形，单细胞游泳生活。长55 ~ 80 μm，宽22 ~ 32 μm。上壳顶端尖，细胞中央部切面呈圆形，下壳侧面观与上壳相似，背腹面较宽，底部略圆。横沟从上壳近中央处开始，左旋绕细胞一周直达下壳的近中央处。横沟的始末端位移约为细胞长度的1/2。纵沟狭且浅，从上壳的横沟始点歪扭下行到细胞底端。细胞表面有清晰的纵向条纹贯穿细胞全体，无光合色素。世界性广布种。

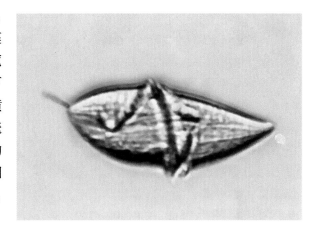

14.短凯伦藻*Karenia breve* (Davis) Gert Hansen & Moestrup，2000

隶属裸甲藻目Gymnodiniales，凯伦藻科Kareniaceae，凯伦藻属*Karenia*。原称短裸甲藻*Gymnodinium breve*。细胞长18 ~ 40 μm，宽16 ~ 65 μm。细胞背腹略扁平，上壳顶端有瘤状突起，突起的中央有1条凹陷的沟，称顶沟。顶沟从上壳腹面中央延伸到上壳，与顶沟接近。属赤潮种类，能够产生神经性贝毒（neurotoxic shellfish poison，NSP）。

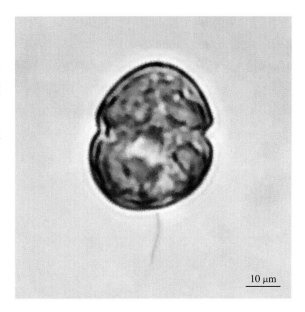

10 μm

15.米氏凯伦藻*Karenia mikimotoi*（Miyake & Kominami ex Oda）Gert Hansen & Moestrup，2000

原称长崎裸甲藻、三宅裸甲藻或米金裸甲藻。细胞长15.6 ~ 31.2 μm，宽13.2 ~ 24 μm。背腹略扁平，下壳底部中央有明显的凹陷，右侧底端略长于左侧。横沟从细胞中央稍上开始，左旋一周后始末位移为细胞长度的1/5。上壳纵沟始于横沟起点的右上处，经顶部达细胞背部。世界性广布种，属赤潮种类，能产生溶血性和细胞性毒素，危害鱼类和海洋无脊椎动物。

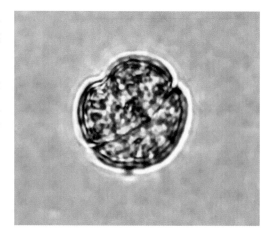

16.叉状三角藻 *Tripos furca* (Ehrenberg) F.Gómez，2013

隶属膝沟藻目Gonyaulacales，角藻科Ceratiaceae，三角藻属*Tripos*。即叉状角藻*Ceratium furca*。其甲片式为P，4′，a0，6″，c5，s2 + 6‴，0，2⁗。藻体细胞瘦长，背腹扁平，上壳背面观呈近等腰三角形。两侧边直或凹，向上均匀变细成顶角，顶角末端平截有开口。横沟宽而平直，边翅窄。两底角沿纵轴近平行，左长右短，长底角为短底角的2倍。分布广泛。

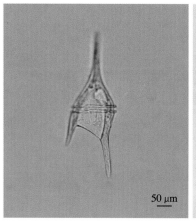
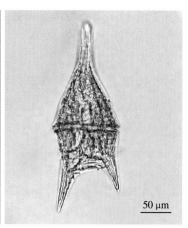

17.波氏三角藻 *Tripos brunellii* (Rampi) F.Gómez，2013

即波氏角藻*Ceratium boehmii*。藻体细胞小型，细长，背腹扁平，上壳背面观呈近等腰三角形，两侧边直或稍凸，向上均匀变细成顶角，顶角细长且直，基部略粗，末端平截有开口。横沟宽而平直，边翅窄。下壳两侧边均向内侧倾斜，底边斜、直或微凹。两底角均为细长刺状，沿纵轴近平行，左长右短，长底角为短底角的2倍，长底角常生出小刺。为暖水性种类，分布广泛。

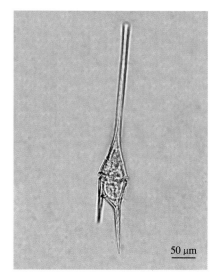

18.梭状三角藻 *Tripos fusus* (Ehrenberg) F.Gómez，2013

即梭角藻*Ceratium fusus*，藻体细胞中型，细长，呈梭形。上壳呈锥形，自横沟向上渐细成顶角，向左背侧略弯，顶角末端平截有开口。下壳左底角长并向左背侧弯曲，右底角短小或退化。分布广泛。

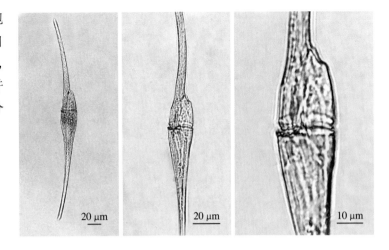

19.三角藻 *Tripos muelleri* Bory de Saint-Vincent，1827

即三角角藻*Ceratium tripos*。藻体细胞中型，长稍大于宽，背腹扁平。上下壳近等长。顶角长直，基部粗壮且有小刺和透明翼，末端平截。横沟直或稍弯，横沟边翅发达。下壳左侧边直或稍向内弯，右侧边短。底边略凸或平直。两底角较粗短，末端尖，左底角自下壳向外侧伸出一小段距离后呈弧形弯向上方，右底角自其基部起即向外斜且向上伸，两底角均与顶角稍分。壳面脊状条纹明显，壳面孔大而明显。

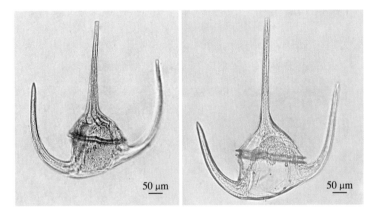

20.粗刺三角藻 *Tripos horridus* (Cleve) F.Gómez，2013

即粗刺角藻*Ceratium horridum*。藻体细胞小型或中型，上壳左侧明显外凸，顶角直或弯向右侧，基部粗壮，向上渐细，末端平截有开口。横沟直或稍弯。下壳右侧边较短，左侧边直或稍凸，底边斜，其上生有透明翼。两底角粗大，左底角自下壳生出后，先向外侧下方伸出一段距离再弧形弯向上方，与顶角近平行。右底角自基部向外伸展并渐弯，末端与顶角稍分。壳面脊状条纹粗大且明显，顶角和两底角基部生有小刺。

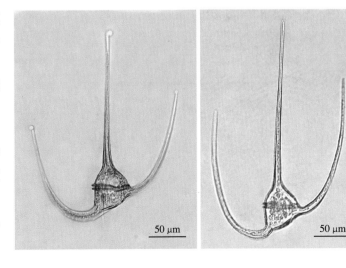

21. 大角三角藻 *Tripos macroceros* (Ehrenberg) F.Gómez，2013

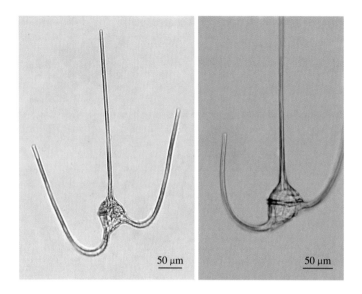

即大角角藻 *Ceratium macroceros*。藻体细胞中型，上壳顶角直而粗壮，下壳左侧边直或稍凸，右侧边短直，底边斜直并具透明膜。两底角自下壳两角生出后，先向外侧下方伸出一段距离再呈弧形弯向上方。壳面脊状条纹细且不明显，顶角和两底角基部生有小刺。

22. 具刺膝沟藻 *Gonyaulax spinifera* (Claparède & Lachmann) Diesing，1866

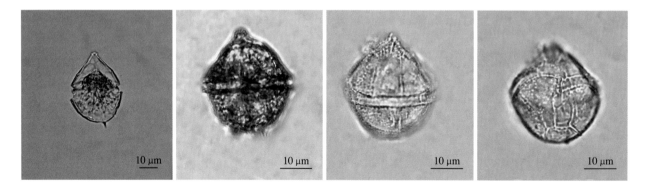

隶属横裂甲藻亚纲 Dinokontae，多甲藻目 Peridiniales，多甲藻亚目 Peridiniineae，膝沟藻科 Gonyaulaxaceae，膝沟藻属 *Gonyaulax*。横沟无边翅，宽且凹陷深，明显左旋，两端略重叠。横沟始末端位移等于或大于横沟宽的两倍。上壳呈圆锥形，前端形成一个四边形的截顶的顶端，顶角不明显。下壳呈半球形，末端具两个底刺。藻体呈正方形，壳面无肋纹。分布广泛，温带及热带均有，主要分布于远洋，近岸半咸水也有分布。

23.多纹膝沟藻 *Gonyaulax polygramma* Stein，1883

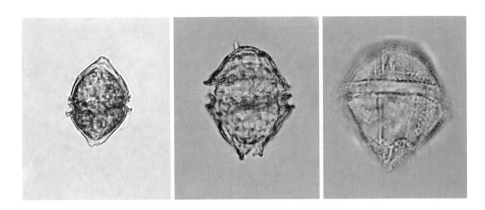

　　藻体细胞中型，长45～67 μm，宽36～49 μm。腹面观近长菱形。上下壳略等长。上壳呈圆锥形，两侧边直，顶角粗短坚实，末端平截，第一顶板窄，第六前沟板呈四边形，第二前间插板上缘具腹孔。横沟较宽，凹陷明显，左旋，始末端位移是宽度的1～1.5倍，两端略重叠，横沟边翅非常窄。纵沟稍弯曲，后部渐宽达下壳底部，纵沟边翅也窄。下壳两侧边也较直，底部较钝圆，具有一至数个很小的底刺，也有无底刺的，第一后沟板狭小。壳面具有多条近乎平行的粗壮纵脊，壳面上孔粗大且明显，活体在光学显微镜下孔不明显。中国近海均有分布，属赤潮种类。

24.斯氏扁甲藻 *Pyrophacus steinii* (Schiller) Wall & Dale，1971

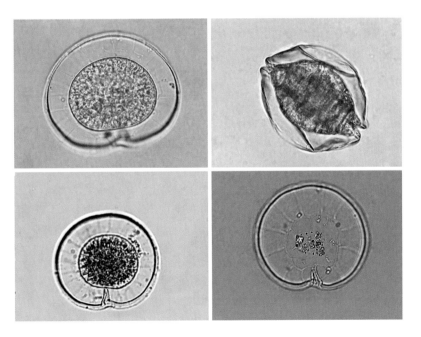

　　隶属甲藻纲Dinophyceae，多甲藻目 Peridiniales，扁甲藻科Pyrophacaceae，扁甲藻属 *Pyrophacus*。又称*P. horologicum* var. *steinii* Schiller，1935。藻体细胞呈扁圆盘形。长为35～60 μm，细胞直径90～235 μm。顶面观近椭圆形，上壳侧面观呈扁圆锥形，长于下壳，两侧边直或稍凹，具顶角。横沟很短，轻微左旋。纵沟位于腹面中部，窄而短。上壳边缘前沟板具多簇短条纹。下壳平坦或椭圆形，无底角。壳面散布颗粒状小凸起，其间具孔。色素体呈橄榄形，棕黄色，数量较多。甲片式P0，7′，a0，12″，c12″，s8，12‴，p3，3⁗。中国沿海均有分布。

25.塔玛亚历山大藻*Alexandrium* tamarense (Lebour) Balech，1985

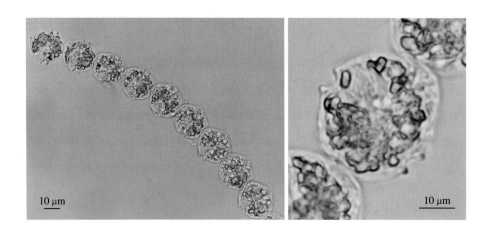

　　隶属横裂甲藻亚纲Dinokontae，多甲藻目Peridiniales，多甲藻亚目Peridiniineae，膝沟藻科Gonyaulaxaceae，亚历山大藻属*Alexandrium*。细胞近球形，横沟深，位于细胞中央，始末端位移与横沟宽相等。纵沟深，位于下壳。甲壳薄。广泛分布于中国沿海，是重要的赤潮种类之一，能产生麻痹性贝毒。

26.夜光梨甲藻*Pyrocystis noctiluca* Murray ex Haeckel，1890

　　隶属甲藻纲Dinophyceae，膝沟藻目Gonyaulacales，梨甲藻科Pyrocystaceae，梨甲藻属*Pyrocystis*。孢囊呈球形，有时呈鸡蛋形。细胞壁薄且透明，细胞质分散充满整个细胞，常在细胞核外围聚集。具有发光特性。

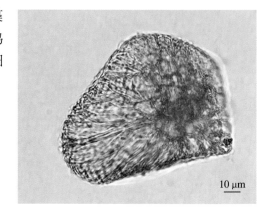

27.新月梨甲藻*Pyrocystis lunula* Schütt，1896

　　孢囊新月形，外弧长度在100 μm左右，两末端尖锐，弯曲弧度小，细胞内部含有1个大的营养液泡。

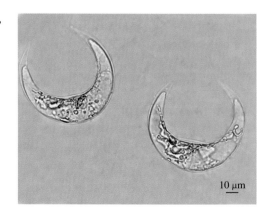

28.绿色鳞甲藻 *Lepidodinium chlorophorum* (M.Elbrächter & E.Schnepf) Gert Hansen, Botes & Salas, 2007

隶属甲藻纲 Dinophyceae，裸甲藻目 Gymnodiniales，裸甲藻科 Gymnodiniaceae，鳞甲藻属 *Lepidodinium*。藻体细胞呈卵形，体内含有内共生绿藻，因此藻体呈绿色。纵沟横贯下壳腹面。

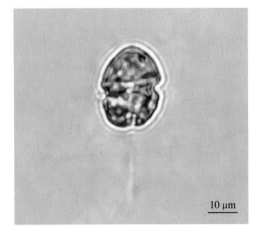

29.光甲藻 *Glenodinium gymnodinium* Penard, 1891

隶属横裂甲藻亚纲 Dinokontae，多甲藻目 Peridiniales，薄甲藻属 *Glenodinium*。藻体细胞呈球形或长卵形，两侧近似对称，细胞壁明显，大多数为整块，少数种类由多角形、大小不等的板片组成，横沟位于细胞中央或略偏于下壳，多数环状围绕，少数螺旋围绕，纵沟明显。色素体数量较多，盘状，金黄色或黄褐色。有的种类具有1个红色眼点。

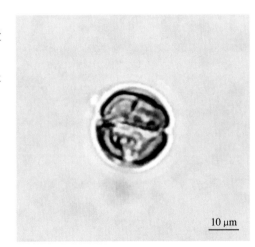

30.光薄甲藻 *Glenodinium pulvisculum* (Ehrenberg) Stein, 1883

隶属横裂甲藻亚纲 Dinokontae，多甲藻目 Peridiniales，薄甲藻属 *Glenodinium*。藻体细胞呈卵形，长略等于宽，背部呈弓形，腹部略平。上壳与下壳几乎相等，上壳呈三角锥形，下壳呈椭圆形。横沟略左旋。纵沟宽，直达下壳末端，不伸入上壳。细胞壁薄、柔软、整块。色素体数量较多，密集，圆盘状，绿色或黄褐色。眼点位于纵沟一侧。

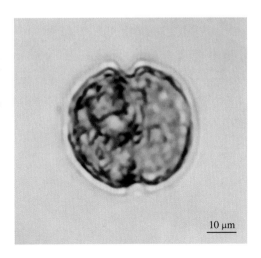

31.埃尔拟多甲藻*Peridiniopsis elpatiewskyi* (Ostenfeld)，1968

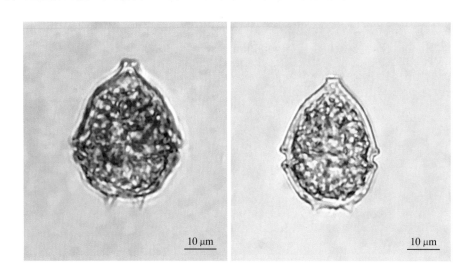

　　隶属甲藻纲Dinophyceae，多甲藻目Peridiniales，多甲藻科Peridiniaceae，拟多甲藻属*Peridiniopsis*。藻体细胞呈卵圆形，背腹略扁，具有孔顶和横沟，纵沟略深入上壳，细胞长30～45μm，宽28～35μm。主要分布在湖泊、水库等，在沿海河口区也有发现。

32.分叉原多甲藻*Protoperidinium divergens* (Ehrenberg) Balech，1974

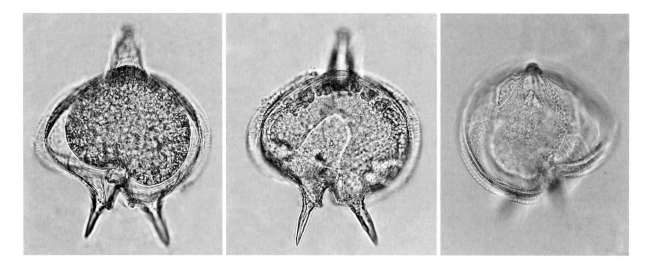

　　隶属甲藻纲Dinophyceae，多甲藻目Peridiniales，原多甲藻科Protoperidiniaceae，原多甲藻属*Protoperidinium*。细胞长150～240μm，宽100～140μm。第二间插板呈四边形，两底角发达且分叉，基部粗壮，末端尖细并向两侧斜伸，右长左短。纵沟边缘具发达的边翅。壳面有发达的网纹，网结突出呈刺状。

33. 双曲原多甲藻 *Protoperidinium conicoides* (Paulsen) Balech, 1973

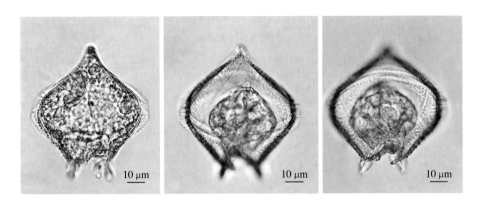

　　藻体细胞呈卵圆形，两底角刺状，尖细。

34. 五角原多甲藻 *Protoperidinium pentagonum* (Gran, 1902) Balech, 1974

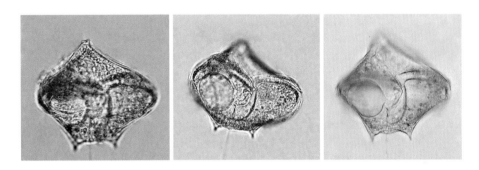

　　亦称五边原多甲藻。藻体细胞呈五角形，腹面观呈五边形，顶面观呈V形，藻体长宽相近，75 ～ 100 μm。左右不对称，左侧略大于右侧，后部边缘平截，具2个短棘。横沟左旋，始末端位移为横沟宽的1 ～ 2倍。世界性广布种。属赤潮种类，无毒。

35. 锥形原多甲藻 *Protoperidinium conicum* (Gran) Balech, 1974

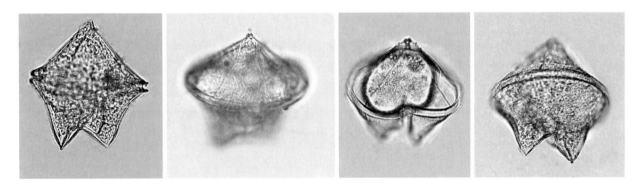

　　藻体细胞呈双锥形，腹面观长宽几乎相等，长70 ～ 80 μm，背腹略扁平，背面凸出而腹面凹入，腹面观上壳呈三角形。侧面边缘直或内凹。下壳和上壳大小相等，侧边略向内凹，末端明显又分为2个后角。横沟较窄，轻微内陷，边翅明显，横沟环状，略左旋。纵沟深而长，后端略宽。壳面有较细的网纹。壳板片上多具隆起线。

36.扁平原多甲藻*Protoperidinium depressum* (Bailey，1854) Balech，1974

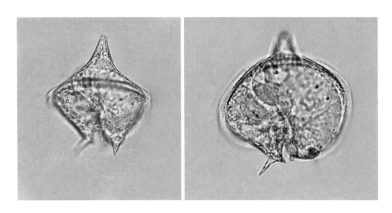

藻体细胞有明显的前角和2个较长的后角，体部呈扁透镜形，长轴与横沟斜向交叉。腹面观长116 ~ 200 μm，宽76 ~ 150 μm。上壳为极不对称的锥形，腹面缓慢凹入，背面及侧面凹入，因而顶角不在中央面而偏向背侧。顶面观呈肾形。下壳侧边凹入，后角末端尖细，且2个后角不在一个平面上。右后角与顶角平行且向右伸出。横沟左旋，不凹陷，边翅具肋刺。纵沟细而长，达细胞后缘。壳面有细网纹，网孔大，网结上有小点。细胞原生质体常呈粉红色，内含大量油球。为广盐性种，较常见。

37.透明原多甲藻*Protoperidinium pellucidum* Bergh，1881

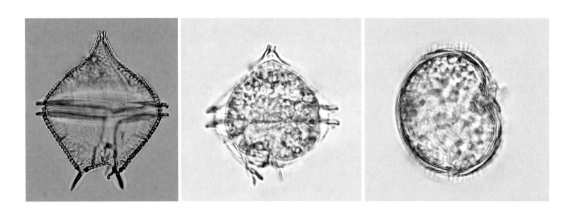

藻体细胞呈球形或多角形，有1个尖的顶角和2个底角。长220 ~ 300 μm，宽150 μm。细胞后部腹面和左侧面凹陷呈洼状，触手叶处于腹面洼状凹陷的中央，呈梨形。横沟在藻体中部，范围不明显，向右边逐渐模糊，没有后边缘。纵沟宽阔，呈洼状，从触手叶的右边直通到细胞后部腹面底端。鞭毛2根，表面有纤细的毛和小鳞片。横鞭毛从触手叶基部左处伸出，纵鞭毛比藻体长，从触手叶的右侧伸出。细胞核大，椭球形，位于细胞前端。细胞质内有食物泡。为广盐性种，异养型生活。

38.分枝原多甲藻 *Protoperidinium divaricatum* (Meunier) Balech，1988

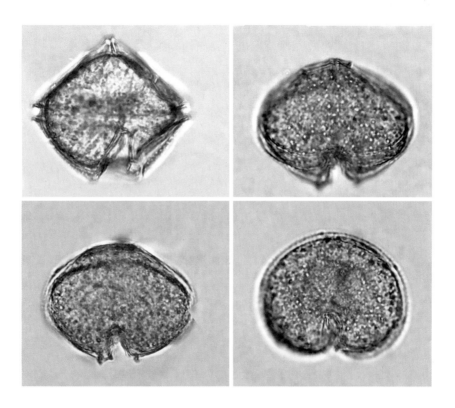

　　藻体细胞近球形，腹面观长宽几乎相等，长70～80 μm，背腹略扁平，背面凸出而腹面凹入，腹面观上壳呈三角形。侧面边缘直或内凹。下壳和上壳大小相等，侧边略向内凹，末端后角不明显。

39.长圆原多甲藻 *Protoperidinium oblongum* (Aurivillius) Parke & Dodge，1976

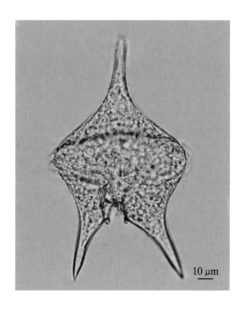

10 μm

　　藻体细胞长150～200 μm，宽100～140 μm。顶角发达。两底角也发达，基部粗壮，末端尖细并向两侧斜伸，左右近等长。

40.优美原多甲藻 *Protoperidinium elegans* (Cleve，1900) Balech，1974

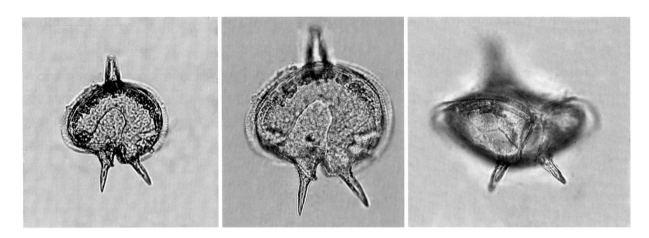

藻体细胞长 150 ～ 240 μm，宽 100 ～ 140 μm，呈红色。上壳顶角长。两底角发达分叉，近等长。

41.点刺原多甲藻 *Protoperidinium punctulatum* (Paulsen，1907) Balech，1974

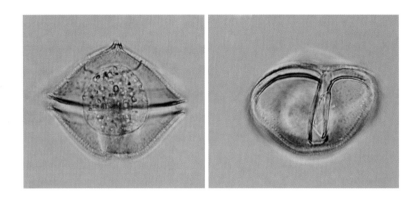

藻体细胞双锥形，长 40 ～ 72 μm，宽 60 ～ 72 μm，上壳尖，下壳较圆钝，横沟中位，壳面密布小棘刺。

42.双刺原多甲藻 *Protoperidinium bipes* (Paulsen，1904) Balech，1974

藻体细胞小型，长约 25 μm，宽约 20 μm。上壳尖，下壳有 2 个尖刺。

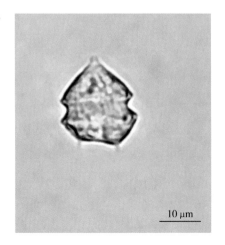

10 μm

43.海洋尖尾藻*Oxyrrhis marina* Dujardin，1841

　　隶属嫩甲藻纲Blastodiniphyceae，嫩甲藻目Blastodiniales，嫩甲藻科Blastodiniaceae，尖尾藻属*Oxyrrhis*。藻体易变形，通常为长卵形。前端宽，呈圆锥形，后端稍尖。长8～24 μm，宽6～20 μm。

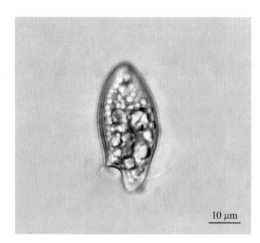

10 μm

七、裸藻门Euglenophyta

1.绿裸藻*Euglena viridis* (O.F.Müller) Ehrenberg，1830

　　隶属裸藻目Euglenales，裸藻科Euglenaceae，裸藻属*Euglena*，绿裸藻为高度分化的单细胞体。藻体细胞呈纺锤形，长约90 μm，前端宽而钝圆，后端尖而窄。横断面呈圆形，稍扁。体表有一层具螺旋线纹的弹性表质，能使身体具有不经常变动的形状，但有时也能缓缓地收缩和伸展，在游动时做扭曲的变形。使用光学显微镜观察，将甘油引入盖玻片下，表质即可清楚地显现出来。通过电子显微镜观察，表质分为三部分质膜，称三分质膜。主要分布在淡水中，在半咸水中也有发现。

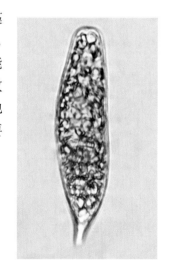

2.尖尾裸藻*Euglena oxyuris* Schmarda，1846

　　藻体细胞近圆柱形，稍侧边，略变形，有时呈螺旋形扭曲，具窄的螺旋形纵沟，前段圆形或平截形，有时略呈头状，后尾收缢成尖尾刺。表质具有自右向左的螺旋线纹。色素体较小，盘形，数量较多，无蛋白核。副淀粉粒较大，2个（有时多个），环形，分别位于细胞核的前后两端，多余的为杆形、卵形或环形小粒。细胞核位于中央。鞭毛为体长的1/4～1/2。眼点明显。细胞长100～450 μm，宽16～61 μm。

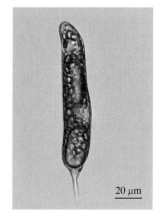

20 μm

3. 梭形裸藻 *Euglena acus* (O.F.Müller) Ehrenberg，1830

隶属裸藻目Euglenales，裸藻科Euglenaceae，裸藻属*Euglena*。藻体细胞不易变形，前端斜截头状，后端呈尖尾状。副淀粉粒2个或多个，较大，长杆状。鞭毛为体长的1/4～1/3。眼点淡红色。细胞长160～311 μm，宽7～28 μm。池塘常见种，受污染水体中也有分布。

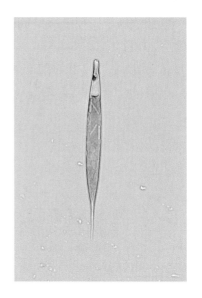

4. 膝曲裸藻 *Euglena geniculata* Dujardin，1841

藻体细胞易变形，常为纺锤形或近圆柱形，前端圆形或斜截状，后端渐尖呈尾状或具一短而钝的尾状突起。表质具自左向右的螺旋线纹。细胞核位于中央。色素体呈星形，2个，位于细胞核的前后两端，每个星形色素体由多个带状色素体以放射状排列而成，中央为1个带副淀粉粒的蛋白核。副淀粉粒较小，颗粒状，大多集中于蛋白核周围，少数分散于细胞中。鞭长约与体长相等。眼点明显，成表玻形。细胞长33～80 μm，宽8～21 μm。多生于各种小型静水水体，有时可形成膜状水华。

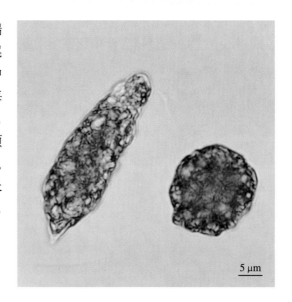

5 μm

5. 弯曲扁裸藻 *Phacus inflexus* (I.Kisselew) Pochmann，1942

隶属裸藻目Euglenales，裸藻科Euglenaceae，扁裸藻属*Phacus*。细胞两侧向腹面弧形弯曲，呈翼状，侧面观呈弯形镰刀状，后端具1个尖尾刺，略向腹面弯曲，表质具自左向右的螺旋线纹。副淀粉粒1～2个，盘形或卵形。细胞核中位。鞭毛约为体长的一半。

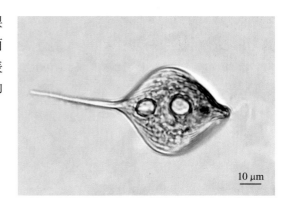

10 μm

6.矩圆囊裸藻*Trachelomonas oblonga* Lemmermann，1899

隶属裸藻目Euglenales，裸藻科Euglenaceae，囊裸藻属*Trachelomonas*。囊壳椭圆形，表面光滑，少数具有领状突起，囊壳长10～20 μm，宽10～15 μm。

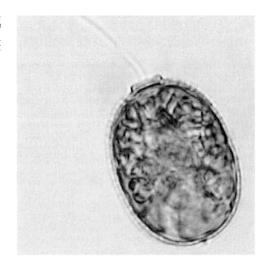

7.旋转囊裸藻*Trachelomonas volvocina* (Ehrenberg) Ehrenberg，1834

隶属裸藻目Euglenales，裸藻科Euglenaceae，囊裸藻属*Trachelomonas*。囊壳球形，表面光滑，鞭毛孔部分有加厚圈，少数具低领。色素体2个，相对侧生。蛋白核1个。囊壳直径10～25 μm。世界性广布种。

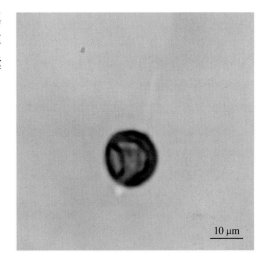

8.椭圆鳞孔藻*Lepocinclis steinii* Lemmermann，1904

隶属裸藻目Euglenales，裸藻科Euglenaceae，鳞孔藻属*Lepocinclis*。藻体细胞呈纺锤形，前端平截或略凸，顶端中央凹入，后端短尾呈锥形。副淀粉粒2个，较大，环形，侧生。鞭毛为体长的1～2倍。细胞长20～30 μm，宽8～17 μm。

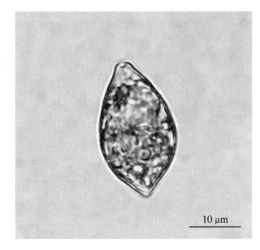

9. 袋鞭藻 *Peranema* sp.

隶属裸藻目 Euglenales，袋鞭藻科 Peranemaceae，袋鞭藻属 *Peranema*。具2条鞭毛的单细胞藻体，向前的鞭毛为游泳鞭毛，粗壮而长，为虫体长的1.5倍，向后的鞭毛为拖曳鞭毛（因紧贴体表而不易见到）。无细胞壁，原生质体的表层硬化程度低，成为柔软的表质，因而体形易变，表质具螺旋线纹。紧靠贮蓄泡有1～2个具排泄功能的收缩泡和2根有吞食功能的摄食杆，又称杆状器或咽头棒体。无色素体。无眼点。贮藏物质为副淀粉粒与脂肪。生长在含有机质丰富的静水小水体中，营动物性的吞食性营养，耐污能力强。

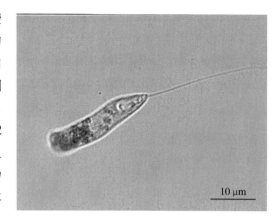

八、绿藻门 Chlorophyta

1. 突变衣藻 *Chlamydomonas mutabilis* Gerloff，1940

隶属绿藻纲 Chlorophyceae，团藻目 Volvocales，衣藻科 Chlamydomonadaceae，衣藻属 *Chlamydomonas*。藻体为单细胞，球形或卵形，前端有2条等长的鞭毛，能游动。鞭毛基部有收缩泡2个。在细胞的近前端有红色眼点1个。载色体大型，杯状。具淀粉核1个。广布于水沟、洼地和含微量有机质的小型水体中，早春晚秋最为繁盛。一些含蛋白质较丰富的种类，可培养作饲料或食用。

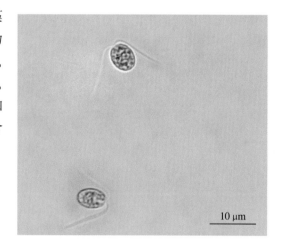

2. 椭圆扁藻 *Tetraselmis elliptica* (G.M.Smith) R.E.Norris，Hori & Chihara

隶属团藻目 Volvocales，衣藻科 Chlamydomonadaceae，扁藻属 *Tetraselmis*。即 *Platymonas elliptica*。藻体以单细胞生活，纵扁，正面观为椭圆形、心形或卵形。细胞壁薄而平滑。具4条等长的顶生鞭毛，其长度约等于体长。色素体较大，杯状，完全或仅前端分为四叶。具1个球形或杯形蛋白核。眼点1个，细胞核1个。海水、淡水均有分布。

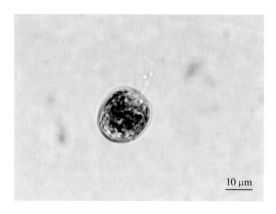

3.亚心形扁藻*Tetraselmis subcordiformis* (Wille) Butcher，1959

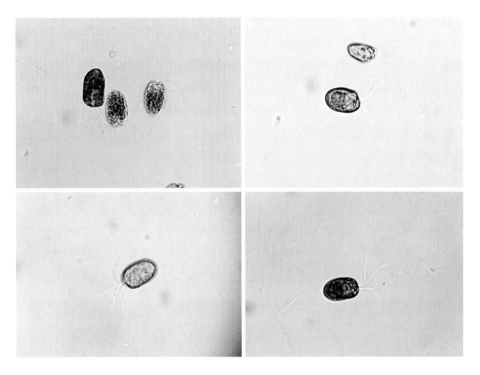

隶属团藻目Volvocales，衣藻科Chlamydomonadaceae，扁藻属*Tetraselmis*。即*Platymonas subcordiformis*。藻体以单细胞生活，纵扁，呈卵形，前端较宽阔，中间有1个浅的凹陷，具4条等长的顶生鞭毛，由凹处伸出。色素体大，杯状，眼点1个，细胞核1个。无收缩泡，细胞外具有一层比较薄的纤维质细胞壁。细胞一般长11～14μm，宽7～9μm。是经济水产动物幼体的优质单胞藻饵料，已在中国广泛培养。

4.盐生杜氏藻*Dunaliella salina* (Dunal) Teodoresco，1905

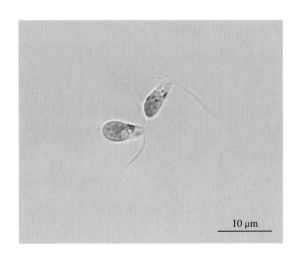

10 μm

隶属团藻目Volvocales，木土氏藻科Dunaliellaceae，杜氏藻属*Dunaliella*，具2条等长的顶生鞭毛。色素体杯状。近基部有1个较大的蛋白核。具1个大的眼点，位于细胞前端。因无细胞壁，在运动时，形状会呈梨形、椭球形、长颈形等，变化不一。细胞核1个。营浮游生活，在高盐海水中生长良好。

5.娇柔塔胞藻 *Pyramimonas delicatula* B.M.Griffiths，1909

隶属团藻目 Volvocales，多毛藻科 Polyblepharidaceae，塔孢藻属*Pyramimonas*。藻体细胞呈倒卵形或倒梨形。细胞裸露，前端中央凹入，呈4个分叶，后端钝角锥形。细胞前端凹入处具4条长度约等于体长的鞭毛。色素体杯状。基部明显增厚，基部具有1个圆形蛋白核和2个收缩泡。无眼点。细胞核位于细胞近中央偏前端。细胞宽11～17.5 μm，长20～26 μm，厚约15 μm。

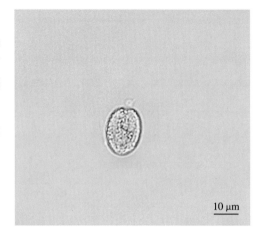

6.蛋白核小球藻*Chlorella pyrenoidesa* H.Chick，1903

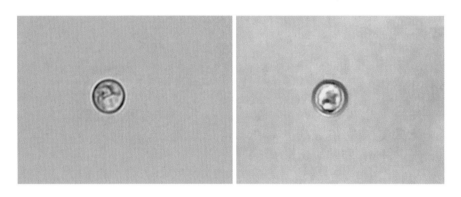

隶属绿球藻目Chlorococcales，小球藻科Chlorellaceae，小球藻属*Chlorella*。藻体以单细胞生活，细胞直径2～8 μm，呈球形或椭球形。细胞壁厚或薄。周生色素体1个，杯状或片状。蛋白核1个。

7.普通小球藻*Chlorella vulgaris* (Beijerinck) Beyerinck，1890

隶属绿球藻目Chlorococcales，小球藻科Chlorellaceae，小球藻属*Chlorella*。藻体细胞呈球形，色素体杯状，有1个蛋白核，直径5～10 μm。

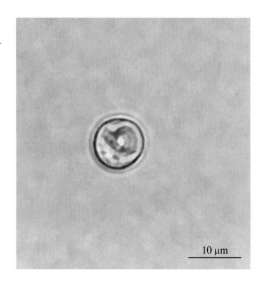

8.眼点拟微绿球藻 *Nannochloropsis oculata* (Droop) D.J.Hibberd，1981

隶属绿球藻目Chlorococcales，绿球藻科Chlorococcaceae，拟微绿球藻属*Nannochloropsis*。亦称眼袋微绿球藻*Nannochloris oculata* Droop，1955。藻体以单细胞生活，细胞呈亚球形或亚圆柱形。色素体圆盘形，靠近一端。无蛋白核。以细胞横分裂繁殖。直径2～4μm。海水、淡水均有分布，已作为海产动物活饵料大量培养利用。

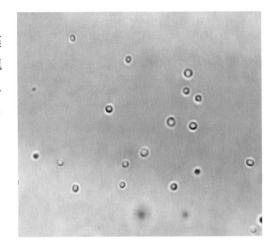

9.蹄形藻 *Kirchneriella lunaris* (Kirchner) Möbius，1894

隶属绿藻纲Chlorophyceae，绿球藻目Chlorococcales，小球藻科Chlorellaceae，蹄形藻属*Kirchneriella*，群体呈球形，直径100～250μm，4或8个细胞为一组，无规则地排列于胶被中。细胞呈蹄形。分布在有机质含量高的池塘、湖泊及沼泽中。

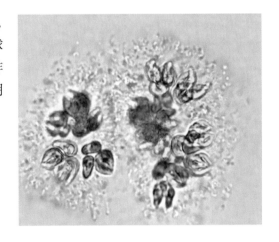

10.扭曲蹄形藻 *Kirchneriella contorta* (Schmidle) Bohlin，1897

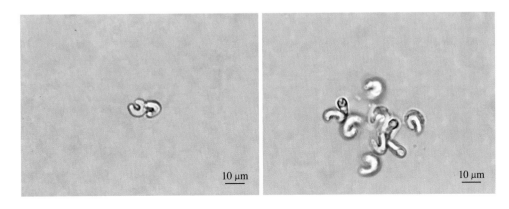

隶属绿球藻目Chlorococcales，小球藻科Chlorellaceae，蹄形藻属*Kirchneriella*。4或8个细胞为一组，无规则地排列于胶被中。群体呈球形，直径100～250μm。细胞呈蹄形。分布在有机质含量高的池塘、湖泊及沼泽中。可随海水进入近岸海水池塘。

11.针形纤维藻Ankistrodesmus acicularis (Braun) Korschikov，1953.

隶属绿球藻目Chlorococcales，小球藻科Chlorellaceae，纤维藻属Ankistrodesmus。藻体以单细胞生活，或2个、4个、8个、16个或更多个细胞聚集成群，浮游，极少数附着在基质上。细胞呈针形，直或弯曲，自中央向两端渐尖细。色素体周生，片状，1个，占细胞的绝大部分，有时裂为数片。具1个蛋白核或无。常大量生长在较肥沃的小水体中，其他水体中也较常见。

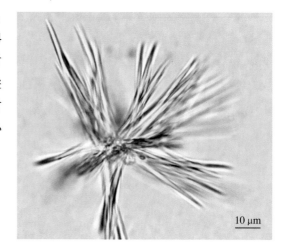

10 μm

12.厚顶新月藻Closterium dianae Ehrenberg ex Ralfs，1848

隶属鼓藻目Desmidales，鼓藻科Desmidiaceae，新月鼓藻属Closterium。细胞呈新月形，长为宽的10～12倍。明显弯曲，细胞长180～380 μm，宽16～36 μm。末端细胞有很多运动颗粒。

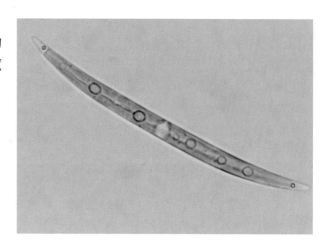

13.单角盘星藻Pediastrum simplex Meyen，1829

隶属绿球藻目Chlorococcales，盘星藻科Pediastraceae，盘星藻属Pediastrum。真性定形群体，由16个、32个或64个细胞组成，群体细胞间无穿孔。群体边缘细胞常呈五边形，外壁具1个圆锥形的角状突起，突起两侧凹入，群体内层细胞呈五边形或六边形。细胞壁常具颗粒。细胞（不具角状突起）长12～18 μm，宽12～18 μm。

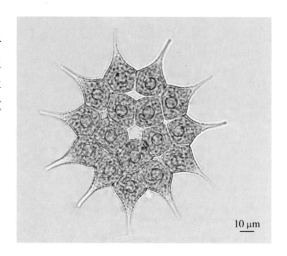

10 μm

14.单角盘星藻具孔变种*Pediastrum simplex* var. *duodenarium* (J.W.Bailey) Rabenhorst，1862

隶属绿球藻目Chlorococcales，盘星藻科Pediastraceae，盘星藻属*Pediastrum*。真性定形群体，由16、32或64个细胞组成，群体细胞间无穿孔，群体边缘细胞常为五边形，外壁具1个圆锥形的角状突起，突起两侧凹入，群体内层细胞五边形或六边形，细胞壁常具颗粒。细胞（不具突起）长12 ~ 18 μm，宽12 ~ 18 μm。

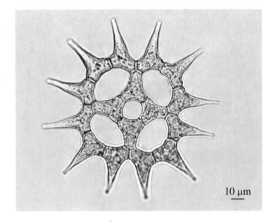

15.二角盘星藻*Pediastrum duplex* Meyen，1829

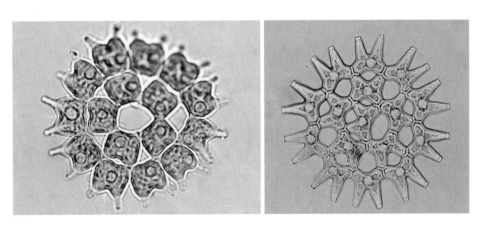

隶属绿球藻目Chlorococcales，盘星藻科Pediastraceae，盘星藻属*Pediastrum*。藻体为真性定形群体，由8、16、32、64或128个细胞（常为16或32个细胞）组成，群体细胞间具小的透镜状的穿孔，群体边缘细胞呈四边形，其外壁扩展成2个圆锥形的钝顶状的短突起，群体内层细胞或多或少呈四方形，侧壁中部略凹入，邻近细胞间细胞侧壁的中部彼此不相连接，细胞壁平滑。细胞长11 ~ 21 μm，宽8 ~ 21 μm。主要分布在淡水中，半咸水中也有发现。

16. 短棘盘星藻 *Pediastrum boryanum* (Turpin) Meneghini，1840

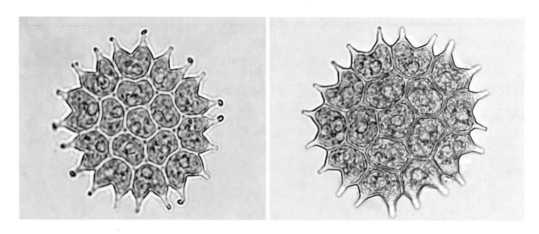

　　隶属绿球藻目 Chlorococcales，盘星藻科 Pediastraceae，盘星藻属 *Pediastrum*。真性定形群体，由 4 个、8 个、16 个、32 个或 64 个细胞组成，群体细胞间有穿孔。群体细胞呈五边形或六边形，群体边缘细胞外壁具 2 个裂片状突起。以细胞基部与邻近细胞相连接。细胞壁具颗粒。细胞长 15 ～ 21 μm，宽 10 ～ 14 μm。

17. 集星藻 *Actinastrum hantzschii* Lagerheim，1882

　　隶属绿球藻目 Chlorococcales，栅藻科 Scenedesmaceae，集星藻属 *Actinastrum*。藻体细胞呈长柱形，两端平截形、广圆形或尖细。通常由 4 个、8 个或 16 个细胞组成群体，群体细胞以一端相连呈放射状排列，色素体为纵的 1 条。

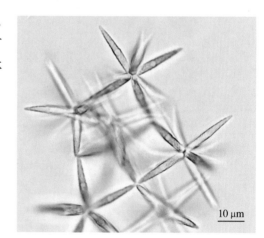

18. 四尾栅藻 *Scenedesmus quadricauda* (Turpin) Brebisson，1835

　　隶属绿球藻目 Chlorocaccales，栅藻科 Scenedesmaceae，栅藻属 *Scenedesmus*。定形群体，扁平，由 2 个、4 个、8 个或 16 个细胞组成，常见的为 4 个或 8 个细胞组成的群体，群体细胞排列成直线。细胞为椭球形、圆柱形或卵形。群体两侧细胞的上下两端各具 1 长的直或略弯曲的刺，刺长 10 ～ 13 μm，中间部分细胞的两端及两侧细胞的侧面游离部均无刺。4 细胞的群体宽 10 ～ 24 μm，细胞宽 3.5 ～ 6 μm，细胞长 8 ～ 16 μm。广泛分布在淡水、海水中。

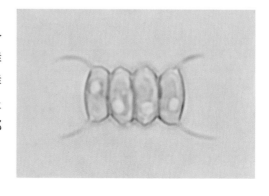

19. 斜生栅藻 *Scenedesmus obliquus* (Turpin) Kützing，1833

隶属绿球藻目Chlorocaccales，栅藻科Scenedesmaceae，栅藻属*Scenedesmus*。定形群体，扁平，由2个、4个或8个细胞组成，常为4个细胞组成，群体细胞排列成直线或略呈交互排列。细胞纺锤形，上下两端逐渐尖细，群体两侧细胞的游离面有时凹入，有时凸出，细胞壁平滑，4个细胞的群体宽12～34 μm，细胞长10～21 μm，宽3～9 μm。广泛分布在各种静水小水体中。

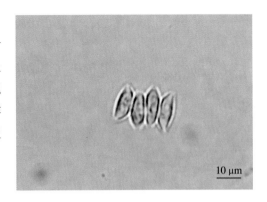

20. 韦氏藻 *Westella botryoides* (West) De Wildeman，1897

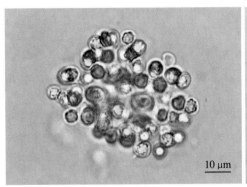 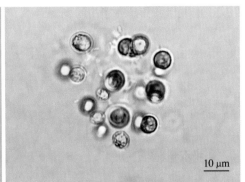

隶属绿球藻目Chlorocaccales，栅藻科Scenedesmaceae，韦氏藻属*Westella*。细胞球形，每4个一组，连接在同一平面上，各组细胞由未胶化的老细胞壁连在一起。30～100个细胞结成不规则群体。群体中各组细胞不在同一平面上。色素体杯状或充满细胞。以似亲孢子繁殖，常部分包在破碎的母细胞壁中。

21.湖生卵囊藻 *Oocystis lacustris* Chodat，1897

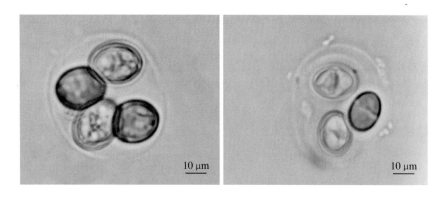

隶属绿球藻目 Chlorocaccales，卵囊藻科 Oocystaceae，卵囊藻属 *Oocystis*。单细胞或由2个、4个、8个或16个细胞组成群体，群体细胞有胶被。群体细胞呈椭球形，细胞也呈椭球形，两端渐尖，有短的圆锥状增厚部。色素体片状或盘状，1～3个，边缘不规则，色素体中常各具1个蛋白核。细胞长14～32 μm，宽8～22 μm。浅湖和沼泽常见，近海可见。

22.小转板藻 *Mougeotia parvula* Hassall，1843

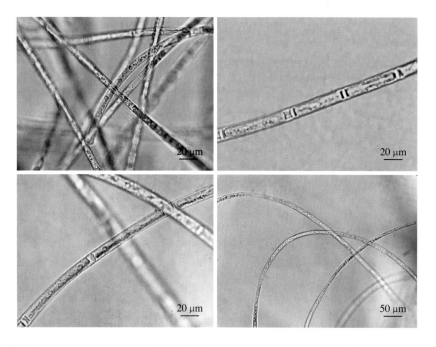

隶属双星藻纲 Zygnematophyceae，双星藻目 Zygnematales，双星藻科 Zygnemataceae，转板藻属 *Mougeotia*。藻体为单列细胞组成的长而不分枝的丝状体，细胞呈圆柱形，通常长度比宽度大4倍以上。色素体板状，1个（极少数有2个），轴生。蛋白核多个，排列成行或分散排列。接合生殖为梯形接合。

第二章

浮游动物 │ zooplankton

一、原生动物界Protist

1.普通表壳虫*Arcella vulgaris* Ehrenberg，1832

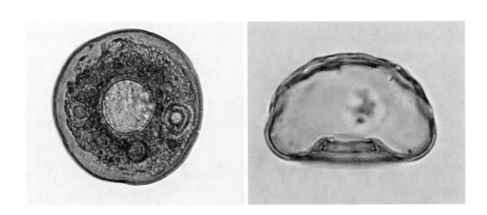

隶属肉鞭门Sarcomastigophora，肉足亚门Sarcodina，根足总纲Rhizopoda，叶足纲Lobosea，壳叶亚纲Testacealobosia，表壳目Arcellinda，表壳科Arcellidae，表壳虫属*Arcella*。背腹面观圆形似表盖，伪足呈指状，5～6个，收缩泡4～6个，细胞核2个，壳直径100～150 μm，壳高50～75 μm，壳高约为直径的1/2，壳口直径30～45 μm。世界性广布种，分布于池塘、浅水湖泊及溪流。

2.盘状表壳虫*Arcella discoides* Ehrenberg，1871

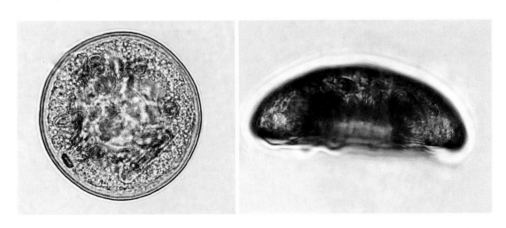

侧观扁平，壳高仅为壳宽的1/4，壳直径128～152 μm，壳高25～40 μm，壳口直径42～46 μm。

3.砂表壳虫*Arcella arenaria* Greef，1866

侧观有十分明显的环状龙骨，侧观壳高几近壳宽的一半，腹观时可见沿壳口周围有8～12个微孔，有时壳表有少许沙粒黏附。

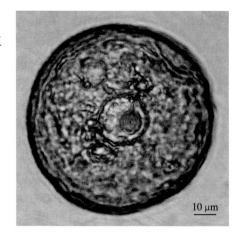

4.圆锥表壳虫*Arcella conica* (Playfair) Deflandre，1926

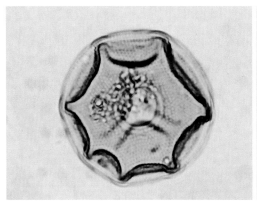

壳呈棱镜状的锥体，有4～8边。顶面观壳呈圆形，壳顶上有矮的、三面或五面锥形物覆盖。壳口圆，较小。壳直径90～100 μm，壳高45～60 μm，壳口20～22 μm。

5.长圆砂壳虫*Difflugia oblonga* Ehrenberg，1838

隶属叶足纲Lobosea，表壳目Arcellinda，砂壳科Difflugiidae，砂壳虫属*Difflugia*。壳呈椭球形，左右对称，顶端浑圆，向壳口均匀渐细，略呈颈状。壳口平截，顶面观圆形。壳上覆盖很多沙粒，有时接近壳口处有很大的石英颗粒。壳不透明。壳长110～240 μm。壳宽45～92 μm。壳口宽19～49 μm。

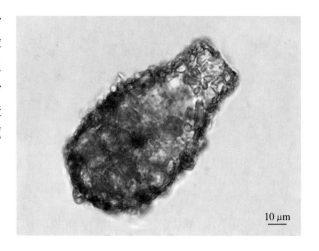

6.砂壳虫*Difflugia* sp.

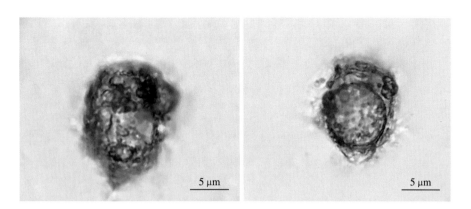

5 μm　　5 μm

　　体外壳由细胞分泌的胶质与微细的沙粒或硅藻空壳黏合而成。壳形多样，近球形或长筒形。壳口在壳体一端的中央，无颈。远口端浑圆或尖细。指状伪足从壳口伸出，固定后伪足完全缩入壳中。壳面无刺突或有少数刺突。

7.矛状鳞壳虫*Euglypha laevis* Perty，1849

　　隶属肉足亚门Sarcodina，丝足纲Filosea，网足目Gromiida，鳞壳科Euglyphidae，鳞壳虫属*Euglypha*。壳小，透明，呈卵形。壳在侧观时略扁，横切面椭圆形。壳体上的鳞片是卵圆形的，略呈覆瓦状排列。壳口呈卵圆形，由8个鳞片包围，该鳞片是尖的。细胞质无色。

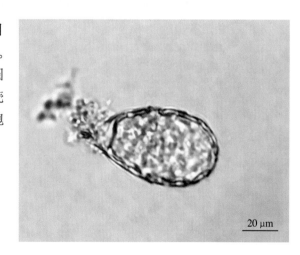

20 μm

8.泡抱球虫*Globigerina bulloides* d′Orbigny，1826

　　隶属根足亚纲Rhizopoda，有孔虫目Foraminifera，圆球虫科Orbulinidae，抱球虫属*Globigerina*。壳呈塔式螺旋，壳径约0.47 mm，具2～3个壳环，腹面仅见终壳环。壳缘呈圆瓣状。脐部深凹。房室圆形膨大，终壳环常有4个房室，依次迅速增大。壳壁呈网状，各房室壳口大，开向脐部。口缘平滑，有如口唇，但不隆起。分布广泛，为东海优势种。

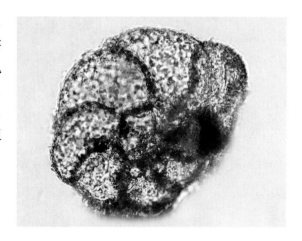

9.伊格抱球虫*Globigerina eggeri* Rhumbler，1901

壳径约0.76 mm，壳呈低或高的塔式螺旋，具2～3个壳环，腹面仅见终壳环。脐部大而深陷。壳缘呈圆瓣状。房室圆形膨大，终壳环常有5～7个房室，依次迅速增大。各房室壳口大，开向脐部。缝合线有明显深陷。为广温性暖水种，中国各海域广泛分布。

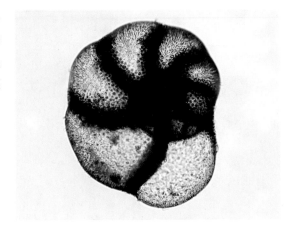

10.辐射变形虫*Amoeba radiosa* Ehrenberg，1838

隶属叶足纲Lobosea，变形虫目Amoebida，变形虫科Amoebidae，变形虫属*Amoeba*。身体裸露无外壳，体外包以质膜，柔软，体型无定形。叶状伪足，放射状，通常3～10个。运动时伪足基部不融合。伪足最长者为虫体体长4～5倍。体长15～30 μm。细胞核通常1个，有部分个体2个。分布于淡水、海水和半咸水中。

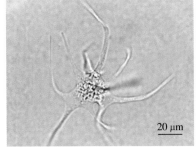 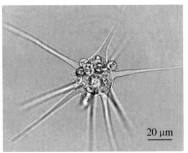

11.蝙蝠变形虫*Amoeba vespertilis* Penard，1902

虫体一般较大，蝙蝠状。具漂浮型的放射状伪足，伪足圆柱状或管状，内有颗粒状的内质，细胞核呈颗粒状。虫体可变形。变形虫通过包裹小环藻、舟形藻等摄食。

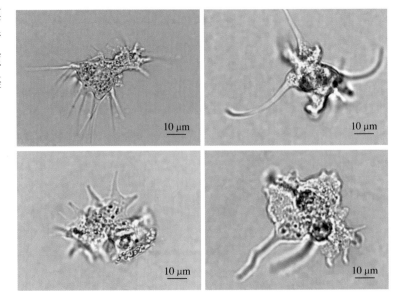

12. 蛞蝓变形虫 *Amoeba limax* Dujardin，1841

虫体一般较大，呈分支或不分支的圆柱状。具漂浮型的放射状伪足，伪足圆柱状或管状，内有颗粒状的内质，在顶端有半球形的透明帽。身体后端如有小球，则多数为桑椹球，极少数为绒毛球。细胞核呈颗粒状。

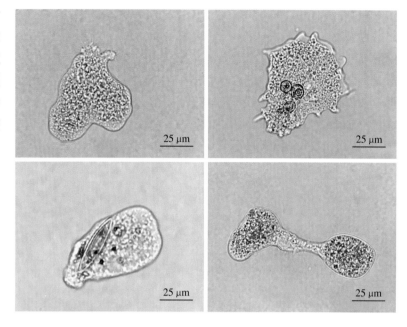

13. 针棘刺胞虫 *Acanthocystis aculeate* Hertwig & Lasser，1874

隶属肉足亚门 Sarcodina，辐足总纲 Actinopoda，太阳纲 Heliozoea，太阳目 Actinophryida，刺胞虫科 Acanthocystidae，刺胞虫属 *Acanthocystis*。虫体球状，直径20 ～ 88 μm。具胶质膜。硅质骨针成为细长的棘刺，自身体周围放射状伸出，骨针末端常分叉，伪足细而长。

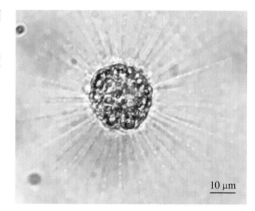

14. 放射太阳虫 *Actinophrys sol* Ehrenberg，1830

隶属肉足亚门 Sarcodina，太阳目 Actinophryida，太阳虫属 *Actinophrys*。体球形，外质透明，有许多大的定形的空泡，内质颗粒状，无色，还有许多小的不定形空泡。伪足很多，从核附近呈放射状伸出，伪足细长而挺直，虫体直径25 ～ 50 μm。

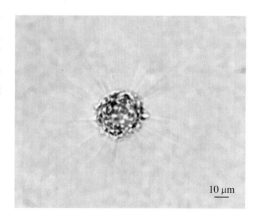

15. 轴丝光球虫 *Actinosphaerium eichhorni* Ehrenberg，1840

隶属太阳目 Actinophryida，太阳科 Actinophryidae，光球虫属 *Actinosphaerium*。外壳由2层不规则的空泡构成，十分透明。内质的原生质较为致密，不透明，有小的空泡，有2个收缩泡。核数个，分散在内质中。伪足的轴丝自内、外质之间呈放射状伸出，有外质包围轴丝。

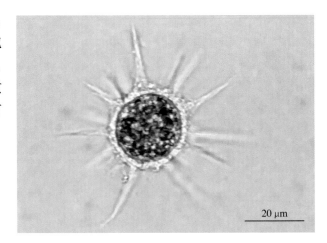

20 μm

16. 透明等棘虫 *Acanthometra pellucida* Müller，1858

隶属肉足亚门 Sarcodina，辐足总纲 Actinopoda，等辐骨纲 Acantharea，节棘目 Arthracanthida，穿盾虫科 Dorataspidae，等棘虫属 *Acanthometra*。骨针20根，多数等长或1～4根较长，中国近海常有分布。

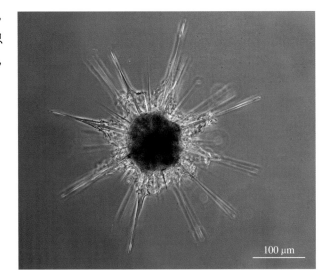

100 μm

17. 坛状曲颈虫 *Cyphoderia ampulla* Ehrenberg，1840

隶属肉足亚门 Sarcodina，丝足纲 Filosea，网足目 Gromiida，鳞壳科 Euglyphidae，曲颈亚科 Cyphoderinae，曲颈虫属 *Cyphoderia*。虫体外有硅质壳，不透明。外层有花纹，壳形扭曲，具曲颈。壳长72～180 μm，壳宽37～65 μm。壳口宽13～24 μm。

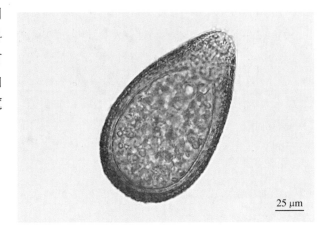

25 μm

18.针棘匣壳虫*Centropyxis aculeata* Ehrenberg，1838

隶属叶足纲Lobosea，表壳目Arcellinda，砂壳科Difflugiidae，匣壳虫属 *Centropyxis*。壳的两侧及后端具有4～9个针棘或刺，伪足粗壮而少，只有1～2个伸出壳口外。壳直径85～160 μm，高45～72 μm。壳口直径35～40 μm。淡水生物，也可在近岸海水中见到。

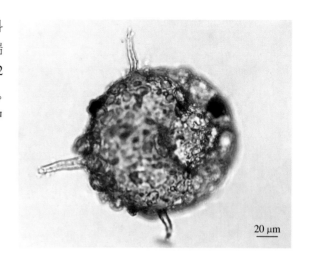

20 μm

19.海洋长吻虫*Lacrymaria marina* Kahl，1933

隶属纤毛门Ciliophora，动基片纲Kinetofragminophorea，钩刺目Haptorida，斜口虫科Enchelyidae，长吻虫属 *Lacrymaria*。虫体细长，长150～300 μm。伸缩性强，颈部伸展时为体部2倍。伸缩时体动基粒呈显著的螺旋状。表质粗糙，虫体不透明，内部充满细微颗粒。有约20列螺旋排列的体纤毛。大核1个，椭球形。1个收缩泡位于尾端。淡水、半咸水和海洋均有分布。

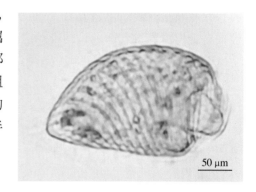

50 μm

20.蚤状中缢虫*Mesodinium pulex* Claparède & Lachmann，1858

隶属钩刺目Haptorida，栉毛科Didiniidae，中缢虫属*Mesodinium*。虫体小型，呈具顶的陀螺状，体长20～30 μm，宽15～20 μm。虫体中部纤毛所在处形成缢缩。顶突尖吻状，约占体长的1/3，其前端具数根钉状触突或毒丝泡，长3～4 μm。顶面观体纤毛束如车辐状外展。大核2个，椭球形，小核1个，位于大核之间。北方常见，可形成赤潮。

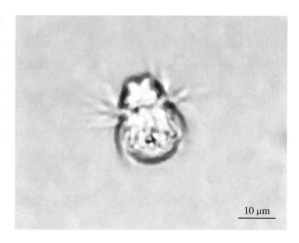

10 μm

21.红色中缢虫*Mesodinium rubrum* Lohmann，1908

细胞由前后2个不同的球体接合而成，中间缢缩（即赤道区）明显，长度一般为30～50 μm，纤毛从赤道区侧面倾斜伸出，胞口结构不明显，口纤毛器缺失。本种分布在温带到北极的河口水域，属赤潮种。

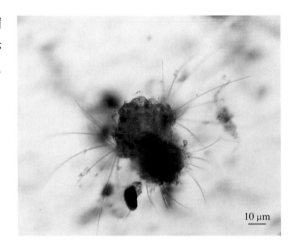

10 μm

22.钝漫游虫*Litonotus obtusus* (Maupas，1888) Kahl，1930

隶属侧口目Pleurostomatida，裂口虫科Amphileptidae，漫游虫属*Litonotus*。体呈矛状，侧扁，左面躯干部显著隆起，口在前侧缘，裂缝状，口缘有柔软、细长的刺丝泡。颈尾分界不明显，收缩泡2个。体长48～80 μm。分布广泛。

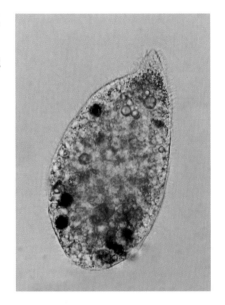

23.中华斜叶虫*Loxophyllum sinicum* Lin et al.，2008

隶属纤毛门Ciliophora，动基片纲Kinetofragminophorea，侧口目Pleurostomatida，裂口科Amphileptidae，斜叶虫属*Loxophyllum*。虫体细长叶片状，活体长200～400 μm，宽40～70 μm。左右侧边长度比例为3∶1～4∶1。左侧体表无明显纵脊。虫体周身具透明缘。有无色点状皮层颗粒分布于左右体纤毛列间。射出体是杆状，7～10 μm长，在腹缘

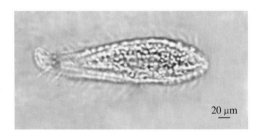

20 μm

和背缘的后半部分均匀排布。在背缘前半部分形成约10个瘤突。近尾端有收缩泡1个。2个大核，1个小核。常在基质上快速爬行，伸缩或体绕纵轴缓慢游动。图片样品采自辽宁大连黑石礁。

24.粗壮壳吸管虫*Acineta foetida* Maupas，1881

隶属纤毛门Ciliophora，动基片纲Kinetofragminophorea，吸管目Suctorida，壳吸管虫科Acinetidae，壳吸管虫属*Acineta*。鞘长40～104 μm，柄长10～35 μm。柄短而粗壮，鞘呈盾状。主要捕食膜袋虫、漫游虫*Litonotus* spp.、草履虫以及其他自由生活的纤毛虫类。分布于淡水、海水和半咸水水体，喜附着在丝状藻类等水生植物上。

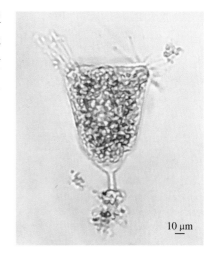

10 μm

25.结节壳吸管虫*Acineta tuberose* Ehrenberg，1833

鞘略扁，角锥形，鞘形变异。虫体可充满全鞘或鞘的大部分，鞘长60～120 μm，通常柄长是鞘长的2～5倍。乳头状的触手自鞘前端的两侧伸出，主要捕食膜袋虫、漫游虫、草履虫等纤毛虫，喜着生在水生植物、贝壳及甲壳类的肢体上。

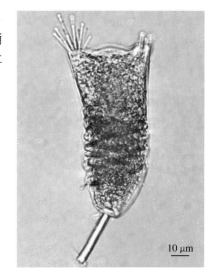

10 μm

26.长偏体虫*Dysteria procera* Kahl，1931

隶属纤毛门Ciliophora，动基片纲Kinetofragminophora，管口目Cyrtophorida，偏体科Dysteriidae，偏体虫属*Dysteria*。虫体长80～110 μm，宽25～40 μm。体左右两侧扁平，体纤毛位于左右侧板之间的腹沟内。通常两腹面有收缩泡，顶端具2齿或复合型齿。附着器叶状或笔状，于腹沟后部伸出，活动能力强。海水种。

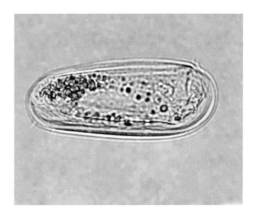

27. 小偏体虫 *Dysteria pusilla* Claparède & Lachmann，1859

体长15 ～ 30 μm，宽10 ～ 20 μm。体长与体宽的比值为1.5∶1 ～ 2∶1。侧面观呈长方形。附着器位于左侧近尾端。收缩泡3个，1个近口端，2个在腹部。海水种。

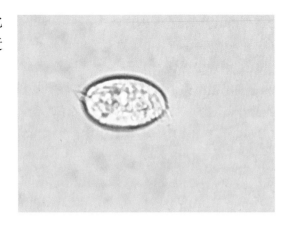

28. 蠕形康纤虫 *Cohnilembus verminus* (Müller，1786) Kahl，1933

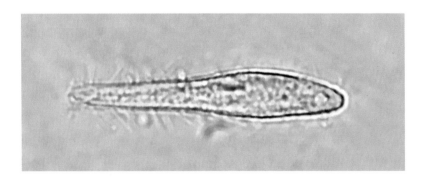

隶属纤毛门Ciliophora，动基片纲Kinetofragminophorea，盾纤目Scuticociliatida，康纤科Cohnilembidae，康纤虫属 *Cohnilembus*。虫体长梭形，长为40 ～ 130 μm，宽6 ～ 20 μm，外形变化较大，活体前端尖削，前部向背侧微弯。口区狭长不显著，占体长2/5 ～ 1/2。有功能波动膜。体纤毛7 ～ 10 μm。尾纤毛12 ～ 15 μm。大核1个，位于体中部，收缩泡端位。

29. 瓜形膜袋虫 *Cyclidium citrullus* Cohn，1865

隶属纤毛门Ciliophora，寡膜纲Oligohymenophorea，盾纤目Scuticociliatida，帆口亚目Pleuronematina，膜袋科Cyclidiidae，膜袋虫属 *Cyclidium*。虫体小，略呈纺锤形，前端平截，后端稍凹入，口缘区较长，约占体长的2/3，外展如帆。大核圆，质均匀，体长18 ～ 20 μm，宽约12 μm，体纤毛约7 μm，尾纤毛约20 μm。收缩泡1个，后位。

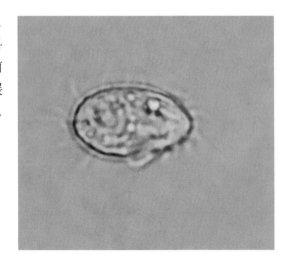

30.海洋尾丝虫*Uronema marinum* Dujardin，1841

隶属寡膜纲Oligohymenophorea，盾纤目Scuticociliatida，尾丝科Uronematidae，尾丝虫属*Uronema*。虫体长25～35μm，宽10～15μm。腹面观为椭圆形，侧面观为细长肾形。胞口位于腹面约1/2处，顶端显著平截。体表光滑。尾纤毛长10～20μm。

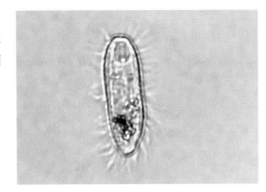

31.树状聚缩虫*Zoothamnium arbuscula* Ehrenberg，1839

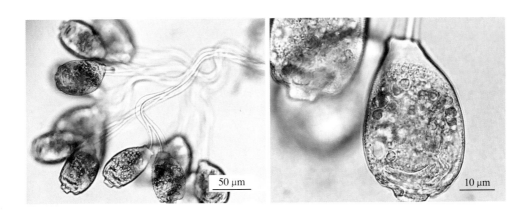

隶属寡膜纲Oligohymenophorea，缘毛亚纲Peritrichia，固着目Sessilida，钟形科Vorticellidae，聚缩虫属*Zoothamnium*。群体类型，柄内有肌丝，各分支均可同时收缩，常以柄附着于水下枯枝、水草之上，个体长40～60μm。

32.钵居靴纤虫*Cothurnia ceramicola* Kahl，1933

隶属固着目Sessilida，鞘居科Vaginicolidae，靴纤虫属*Cothurnia*。虫体长，单体或双体。长140～220μm，宽20～40μm。壳室筒状，底部为双层结构，壳柄在此夹层中膨大，壳室外柄短，膨大为盘状。大核呈卷曲的带状，纵向排列。1个收缩泡，顶位。虫体表膜有环纹。图片样片采自辽宁大连黑石礁。

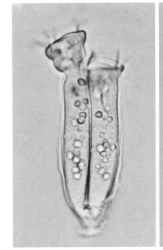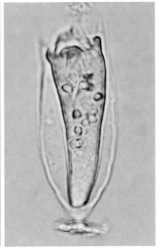

33.绿急游虫*Strombidium viride* Stein，1859

　　隶属多膜纲Polymenophorea，旋毛亚纲Spirotrichia，寡毛目Oligotrichida，寡毛亚目Oligotrichina，急游科Strombidiidae，急游虫属*Strombidium*。以虫体中部腰带为界，上下两半均呈椎体状，收缩泡特殊，为粗管并有小管开口于腹面，体内共生绿藻，体长36 ~ 57 μm。

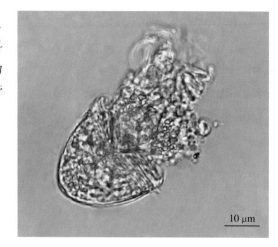

34.铃木急游虫*Strombidium suzukii* Xu et al.，2009

　　虫体活体长约45 μm，宽约30 μm。通常为卵圆形，前端具有明显的突起，后端钝圆，虫体最宽处位于赤道区。后部无可见的壳层。口区浅，占体长的1/4 ~ 1/3。内质透明，其中充满藻类等食物颗粒，低倍镜下观察虫体呈灰黑色，高倍镜下观察，虫体颜色鲜亮。口区有15或16片领区小膜和6或7片腹面小膜。大核1枚，球形；小核未见。图片样品采自辽宁营口海水池塘。

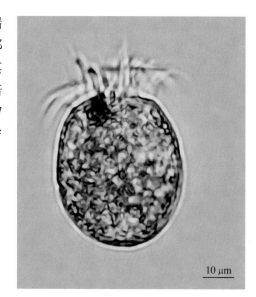

35.旋回侠盗虫*Strobilidium gyrans* Stokes，1887

　　隶属寡毛目Oligotrichida，寡毛亚目Oligotrichina，侠盗科Strobilidiidae，侠盗虫属*Strobilidium*。虫体呈倒锥形或萝卜状，体纤毛退化，小膜口缘区右旋。后端细，常有黏丝用以附着他物。体长为体宽的1.5倍。体表有5 ~ 6行十分柔细的螺旋行列，大核呈马蹄状，横于前部，收缩泡在后部1/3处，体长36 ~ 48 μm。

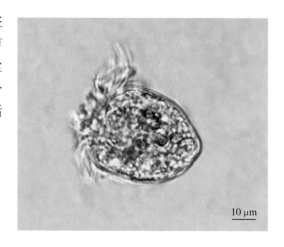

36. 诺氏薄铃虫 Leprotintinnus nordqvisti (Brandt，1906) Kofoid& Campbell，1929

隶属寡毛目Oligotrichida，筒壳亚目Tintinnida，筒壳科Tintinnidiinnus，薄铃虫属 Leprotintinnus。壳呈管状，背口端开口，无领，后端扩大呈锥状基部，壳壁表面有泡状纤维及颗粒物。广泛分布于中国黄海和东海。

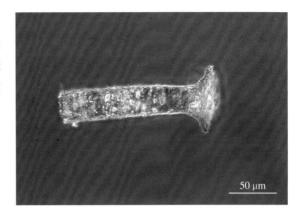

50 μm

37. 简单薄铃虫 Leprotintinnus simplex Schmidt，1901

壳呈直管状，上下壳口近等宽，壳壁表面有泡状纤维及颗粒物。体长250 ~ 306 μm，体宽50 ~ 60 μm。图片样品采自辽宁大连黑石礁。

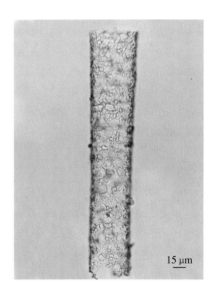

15 μm

38. 纤弱拟铃虫 Tintinnopsis gracilis Kofoid & Campbell，1929

隶属寡毛目Oligotrichida，筒壳亚目Tintinnida，筒壳科Tintinnidiinnus，拟铃虫属 Tintinnopsis。虫体前半部圆桶状，向后略变宽最后圆锥形，后端略钝尖。长约137.5 μm，壳口宽约47.5 μm。分布广泛。图片样品采自辽宁盘锦二界沟。

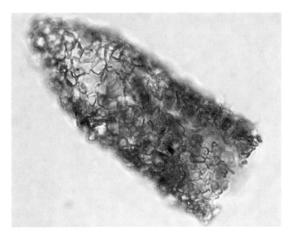

39.管状拟铃虫 *Tintinnopsis tubulosa* Levander，1900

虫体前半部圆桶状，向后略变宽最后钝圆。
长90 ~ 100 μm，壳口宽30 ~ 42 μm。分布广泛。
图片样品采自黄海。

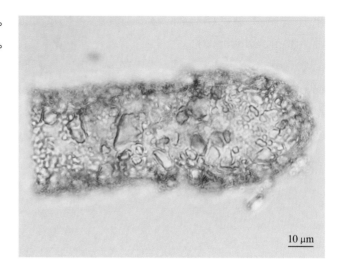

10 μm

40.百乐拟铃壳虫 *Tintinnopsis beroidea* Stein，1867

虫体前半部圆桶状，后部圆锥形，后端略钝
尖。长50 ~ 75 μm，壳口宽约25 μm。分布广泛。
图片样品采自辽宁盘锦二界沟。

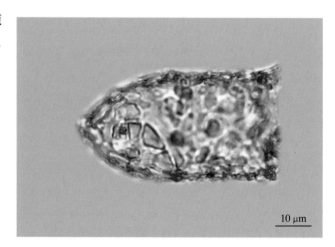

10 μm

41.波罗的拟铃虫 *Tintinnopsis baltica* Brandt，1896

虫体外具壳，呈杯形或陀螺形，壳上具沙
粒。口缘略外翻，背口端锥形。体长约52 μm，
壳口约32 μm。

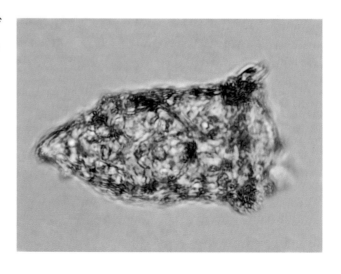

42.筒状拟铃虫*Tintinnopsis tubulosoides* Meunier，1910

虫体呈圆桶状，前部有螺旋纹。长95 ～ 125 μm，壳口宽40 ～ 50 μm。分布广泛。图片样品采自辽宁盘锦二界沟。

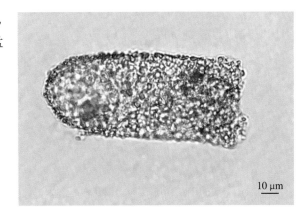

43.根状拟铃虫*Tintinnopsis radix* Imhof，1886

虫体外具壳，呈长圆管状，壳上沙粒较细小，无领，口缘不规则。壳部延长，背口端渐缩小，突起呈锥状。

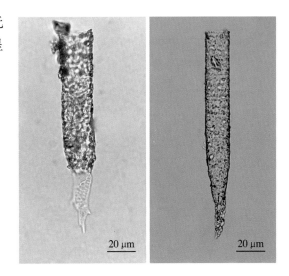

44.卡拉直克拟铃虫*Tintinnopsis karajacensis* Brandt，1896

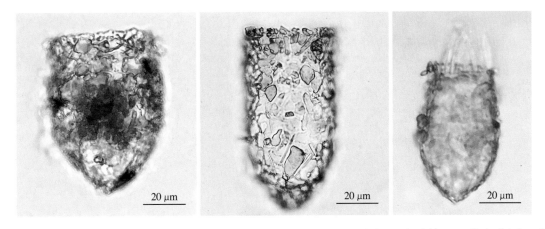

虫体圆筒形，壳上沙粒较粗糙，壳缘略呈破碎状，底部凸圆锥状，末端钝圆。分布广泛，中国沿海均有分布。

45.王氏拟铃壳虫 *Tintinnopsis wangi* Nie，1933

砂壳较短，壳上沙粒较细较小，排列较为齐整，在壳前近1/2处可看到螺旋状的条纹。体长35～65 μm，壳口27～35 μm。

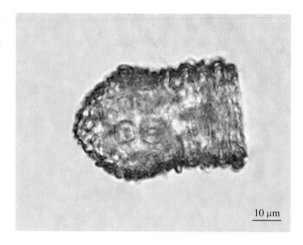

46.运动类铃虫 *Codonellopsis mobilis* Wang，1936

隶属寡毛目 Oligotrichida，筒壳亚目 Tintinnida，类铃虫科 Codonellopsidae，类铃虫属 *Codonellopsis*。领部宽大，口缘稍外翻，基部渐膨大。领部长度变化大，具4～10条螺旋形线纹。壶部长98～118 μm，领部22～118 μm，壳口62～86 μm。

47.酒瓶类铃虫 *Codonellopsis morchella* (Cleve，1900) Jorgensen，1924

领部有7～8环领带，壶部球形，体长76～100 μm，壳口29～35 μm。中国东海、南海均有分布。

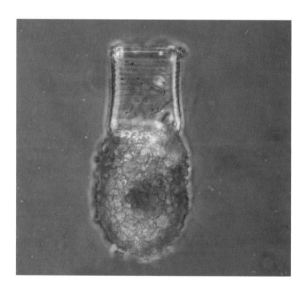

48.巴拿马网纹虫 *Favella panamensis* Kofoid & Compbell，1929

隶属寡毛目Oligotrichida，筒壳亚目Tintinnida，杯状纤毛虫科 Ptychocylididae，网纹虫属*Favella*。壳呈钟形，壳口大，背口端紧缩成尖状，壳具网纹，口缘完整，具1个口环。体长304～398 μm，壳口105～116 μm。

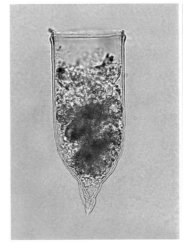

49.艾氏网纹虫 *Favella ehrenbergii* Claparède & Lachmann，1858

壳长200～300 μm，壳口80～95 μm，壳前缘有不规则的低领，末端角状突起物较粗并有斜纹，主要分布在中国南海。

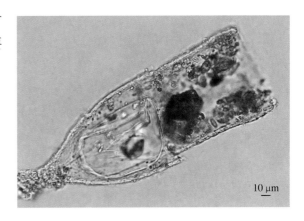

50.尖底类瓮虫 *Amphorellopsis acuta* Schmidt，1901

寡毛目Oligotrichida，筒壳亚目Tintinnida，筒壳科Titinnidiidae，类瓮虫属 *Amphorellopsis*。虫体呈瓮状，尖底。图片样品采自辽宁大连黑石礁。

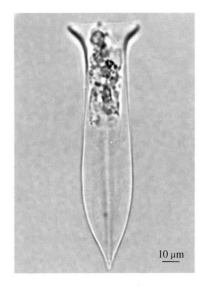

51. 盐尖毛虫 *Oxytricha saltans* (Cohn,1866) Reese，1881

隶属多膜纲 Polyhymenophorea，腹毛目 Hypotrichida，尖毛虫科 Oxytrichidae，尖毛虫属 *Oxytricha*。虫体呈长椭球形，高度柔软。体前 1/3 较窄，后部宽。前、腹及臀触毛为8、5、5 形式。额棘毛7根，腹棘毛5根，横棘毛5根，尾棘毛3根。左右各具1列缘棘毛。大核2个，呈卵圆形，小核2个。体长 40 ~ 80 μm，体宽 15 ~ 30 μm。海水种，分布较广。

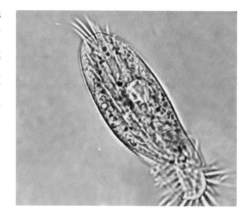

52. 寡毛双眉虫 *Diophrys oligothrix* Borror，1965

隶属纤毛门 Ciliophora，多膜纲 Polyhymenophorea，游仆目 Euplotida，游仆科 Euplotidae，双眉虫属 *Diophrys*。虫体呈椭球形，体长 50 ~ 80 μm，宽约 25 μm。虫体内质无色或淡黄棕色。缘棘毛2根，尾棘毛3根，额触毛5根，腹棘毛2根，粗壮。

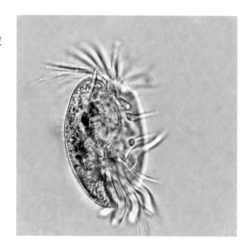

53. 游仆虫 *Euplotes* sp.

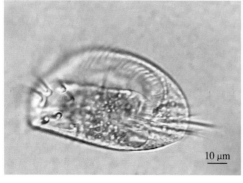

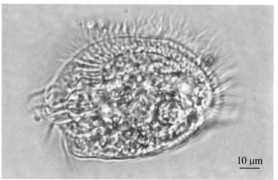

隶属游仆目 Euplotida，游仆科 Euplotidae，游仆虫属 *Euplotes*。体多呈椭球形或球形，腹面略平，背面多少有突起并有纵脊。小膜口缘区十分发达，非常宽阔而明显，无波动膜。无侧缘纤毛，前棘毛（触毛）6 ~ 7根，腹棘毛2 ~ 3根，肛棘毛（臀棘毛）5根，尾棘毛4根。大核1个，呈长带状，小核1个。收缩泡后位。

54.阔口游仆虫*Euplotes eurystomus* Wrzesniowski，1870

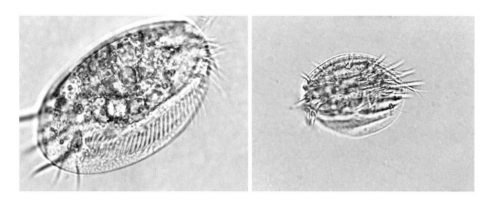

　　虫体宽阔，椭球形，体长100～230 µm，宽75～98 µm。小膜口缘区自左向右下旋，中部有明显的扭曲，背面光滑无肋。大核呈长带形。

55.拉可夫游仆虫*Euplotes raikovi* Agamaliev，1966

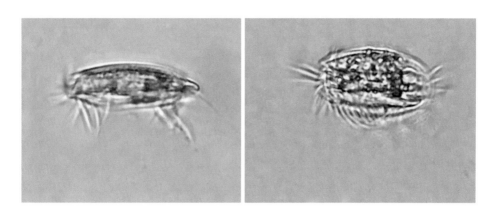

　　活体长约50 µm，长宽比约3：2。腹面观卵圆形，前端常斜截。背面观明显具6列脊突，腹面2列长肋。口区约占体长的2/3。大核呈粗短的C形。口围带均匀弯曲，约由30片小膜组成。额腹棘毛7根，横棘毛5根，缘棘毛1根，尾棘毛2根。

56.巨大楯纤虫*Aspidisca magna* Kahl，1932

　　隶属纤毛门Ciliophora，多膜纲Polyhymenophorea，游仆目Euplotida，楯纤科Aspidiscidae，楯纤虫属*Aspidisca*。个体较大，一般50～100 µm，腹面观卵圆形并高度扁平，虫体左缘后方有1个明显的棘突，上方棘突不显著。虫体边缘扁平，中间稍厚，因此边缘较透明。背面有4列纵行排列的脊肋，其中中间2列更为发达。口围带的第1组含8片退化的细弱小膜；第2组由约16个小膜组成。额腹横棘毛5～7根，通常为7根。大核U形，小核不明。运动速度较慢，常在基质上旋转或爬行。图片样品采自辽宁大连黑石礁。

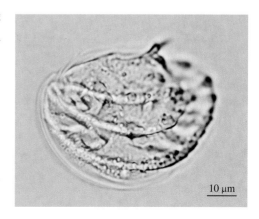

10 µm

二、轮虫门Rotifera

1.红眼旋轮虫*Philodina erythrophthalma* Ehrenberg，1832

隶属轮虫门Rotifera，蛭态纲Bdelloidea，真轮虫亚纲Eurotatorial，蛭态总目Bdelloidea，旋轮科Philodinidae，旋轮属*Philodina*。体蠕虫形，有假节，能套筒式地伸缩，枝型咀嚼器，卵巢成对，眼点1对，位于背触手后面脑的背侧，较大而显著，体较粗壮，足末具4趾。多栖息在池塘和浅水湖泊中。

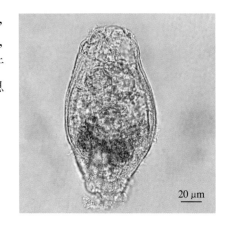

2.褶皱臂尾轮虫*Brachionus plicatilis* Müller，1786

隶属轮虫门Rotifera，单巢纲Monogononta，游泳目Ploimida，臂尾轮虫科Brachionidae，臂尾轮属*Brachionus*。被甲前背面前棘刺6个，且中央1对棘刺与其他2对棘刺长度差别不明显，排列不对称。被甲前腹面有4个褶片。足孔近方形。被甲长平均238 μm，宽171 μm。其为盐水种，对盐度的耐受性大，能在盐度250内生存，为海产动物优质的活饵料之一，是大量培养的对象。

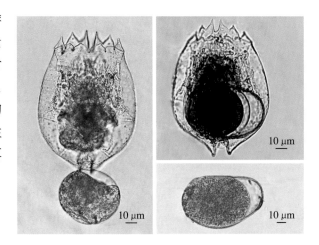

3.圆形臂尾轮虫*Brachionus rotundiformis* Tschugunoff，1921

个体比褶皱臂尾轮虫稍小，为120 ~ 180 μm，体后端较为浑圆，被甲前背面具有6个尖锐的前棘刺，排列较为对称，背甲前腹面有4个褶片，足孔在腹面的开孔呈方形，在背面的开孔为三角形。

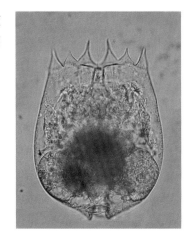

4.壶状臂尾轮虫 *Brachionus urceus* Linnaeus，1758

有6个前棘刺，中间两个稍长，排列对称，足孔近圆形，被甲前腹面仅有2个褶片，后端浑圆。被甲长196～240 μm，宽152～202 μm。其在中国分布很广，除广泛地分布于淡水水体外，还出现在河口等半咸水水体。是淡水池塘培养的主要种类之一。

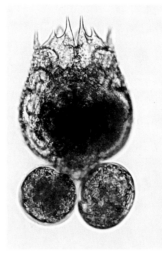
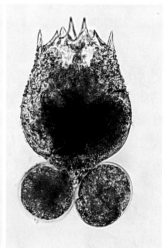

5.裂足臂尾轮虫 *Brachionus diversicornis* Daday，1883

足后端约1/3处裂开呈叉状，有4趾。被甲光滑而透明，长卵圆形，前半部较后半部更阔。不包括前后两端的棘状突起在内，长度总是超过宽度。前段边缘平稳，具有2对棘状突起，中间1对突起小而短，尖端竖直或向外少许弯转，后端尖削。在体内的足出入孔两旁，伸出1对不对称的棘状突起，右侧突起的程度远远超过左侧。多分布于浅水池塘和水库。

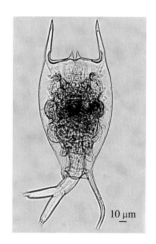

6.角突臂尾轮虫 *Brachionus angularis* Gosse，1851

被甲比较宽阔，个体小，被甲前端有2个前棘刺，棘刺之间形成下沉的缺刻，足不分节而且很长，上面有很密的环形纹沟，并能活泼地伸缩摇摆。属广盐性种类，分布较广。

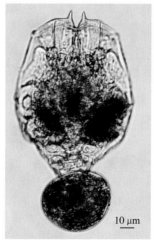
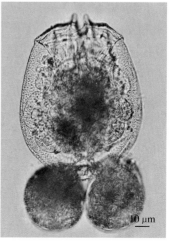

7. 萼花臂尾轮虫 *Brachionus calyciflorus* Pallas，1766

被甲比较宽阔，有6个前棘刺，中间2个稍长，棘刺之间形成下沉的缺刻，尤其以中央的1对棘刺间缺刻最深。足不分节且很长，上面有很密的环形沟纹，并能活泼地伸缩摇摆。被甲透明，都为长圆形，长度的差异很大，背面或腹面观，被甲后半部少许膨大，侧面观后半部更较前半部大，被甲腹面前缘自两侧浮起，呈波状，自中央又向后凹入。侧棘刺左右各1个。在中国分布较广，几乎任何水域都有分布。

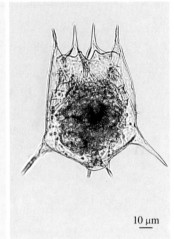

8. 剪形臂尾轮虫 *Brachionus forficula* Wierzejski，1891

有4个前棘刺，中间2个棘刺比两侧的短。后棘刺长且粗壮，像剪刀。

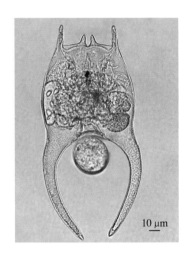

9. 蒲达臂尾轮虫 *Brachionus budapestiensis* Daday，1885

被甲比较宽阔，棘刺之间形成下沉的缺刻，尤其以中央的1对棘刺间的缺刻最深。足不分节而且很长，上面具有很密的环形沟纹，并能活泼地伸缩摆动。被甲呈椭圆形。背面或腹面观，宽度约为长度的2/3，两侧边缘几乎平行，但最前段略宽，后端纤细而端部钝圆。被甲背面前端伸出2对相当长的棘状突起。

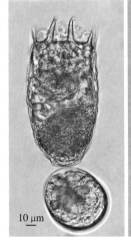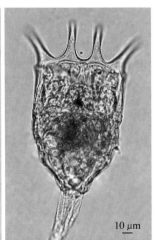

10.椎尾水轮虫 *Epiphanes senta* Müller，1773

隶属臂尾轮虫科 Brachionidae，水轮虫属 *Epiphanes*。无被甲，头冠为漏斗形，有足，具有2个对称趾。体长约570 μm，宽约170 μm。

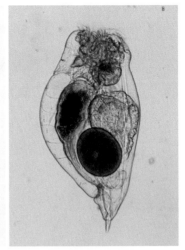

11.缘板龟甲轮虫 *Keratella ticinensis* Callerio，1920

隶属臂尾轮虫科Brachionidae，龟甲轮虫属*Keratella*。被甲隆起，具有条纹，即龟纹。被甲前具有前棘刺6个，中龟板有3个封闭环，被甲后端具有小缘龟板，无后棘刺。淡水、内陆盐水均有分布。

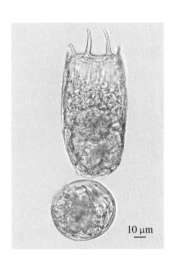

12.矩形龟甲轮虫 *Keratella quadrata* Müller，1786

被甲隆起，具有条纹，即龟纹。被甲前具有前棘刺6个，完全封闭的上中龟板略呈六角形，下龟板末端具有分叉线。

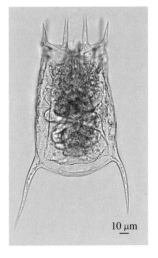

13. 曲腿龟甲轮虫 *Keratella valga* Ehrenberg，1834

被甲隆起，具有条纹，即龟纹。被甲前具有前棘刺6个，被甲最宽处在前面，后棘刺长短不等，1个或无。

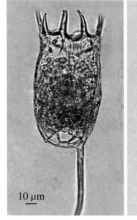
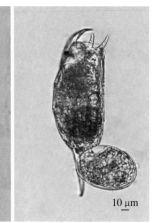

14. 前额犀轮虫 *Rhinoglena frontalis* Ehrenberg，1853

隶属臂尾轮虫科 Brachionidae，犀轮虫属 *Rhinoglena*。头冠上有长的"如意"状吻。足短，趾1对，很小，紧紧地靠在一起。有1对明显的眼点，位于吻端两侧。体长250～300 μm。卵胎生，休眠卵大，表面具刺。耐低温，11月份水温10℃左右开始繁殖，12月份水温1～2℃时繁殖达高峰。能在冰下大量繁殖，滤食浮游藻类，抑制冰下浮游植物，对冰下生物增氧不利。犀轮虫个体较大，无被甲，尤其是它适低温的特性，使其成为冷水性鱼类或在低温水体中繁殖的水生动物苗种的优良活饵料，有望成为人工大量增殖的对象。

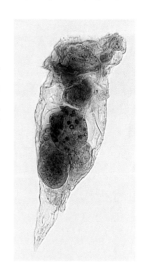

15. 尖削叶轮虫 *Notholca acuminata* Ehrenberg，1832

隶属臂尾轮虫科 Brachionidae，叶轮属 *Notholca*。背甲具纵条纹。前棘刺3对，长短不等。后端浑圆或有短柄。无足。叶轮属种类不多但温幅、盐幅很广。能在咸水中大量繁殖。该属轮虫往往在低温季节，甚至冰下水体中出现，数量虽多但生物量小且繁殖高峰持续时间不长。

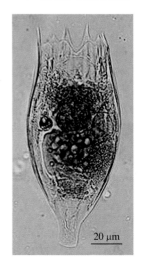

16.叶状帆叶轮虫 *Argonotholca foliacea* Ehrenberg，1838

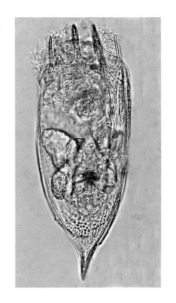

隶属臂尾轮虫科 Brachionidae，帆叶轮属 *Argonotholca*。虫体呈长椭球形，前棘刺6个，后端有1个棘刺，背面中央有1条纵长隆起的脊。被甲长135～170 μm。分布广泛，冬季和初春常见。长约295 μm，宽约106 μm。

17.月形腔轮虫 *Lecane luna* Ehrenberg，1832

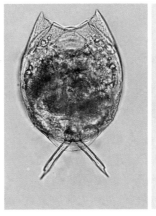

隶属单巢纲 Monogononta，游泳目 Ploimida，腔轮虫科 Lecanidae，腔轮虫属 *Lecane*。无前侧刺，被甲光滑无刻纹，前缘凹呈弯月形。被甲长115～168 μm，宽95～146 μm。趾长58～62 μm，爪长约为9 μm。分布广泛。

18.卜氏晶囊轮虫 *Asplanchna brightwelli* Gosse，1850

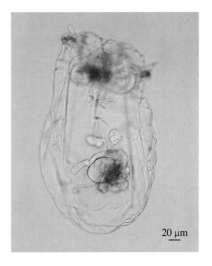

20 μm

隶属单巢纲 Monogononta，游泳目 Ploimida，晶囊轮虫科 Asplanchnidae，晶囊轮虫属 *Asplanchna*。体长为250～1 400 μm。虫体透明，呈囊袋形。中后部较前部宽阔。无足，无肠和肛门。胃发达，凡不能消化的食物残渣经口吐出。头冠顶盘大而发达，口位于盘顶，为三叉形裂缝状。咀嚼器砧型，前半部的内侧边缘有1个从中部伸出的大齿。卵胎生。卵巢和卵黄腺带状马蹄形。卵黄腺内细胞核一端表面有裂痕。原肾管上熔茎球10～20个。

19.尖尾疣毛轮虫*Synchaeta stylata* Wierzejski，1893

隶属游泳目 Ploimida，疣毛轮虫科 Synchaetidae，疣毛轮虫属*Synchaeta*。体呈钟形或倒锥形，头冠宽阔，有4根粗长的刚毛，头冠两旁各有一对耳状突起，耳状突起上有特别发达的纤毛。侧触手1对。足不分节，粗短，趾短小。1对咀嚼器呈杖型。在淡水、咸水中均有分布。

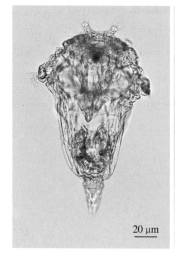
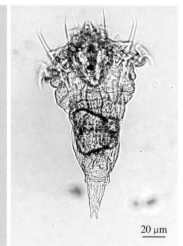

20 µm　　20 µm

20.颤动疣毛轮虫 *Synchaeta tremula* Müller，1786

虫体侧触手1对，自躯干部最后端两旁射出。头冠近平直，两侧的耳状突起不向后倒。足腺1对，呈棒状，发达。躯干部表皮上具4～5条横纹及极密的细长条纹。雌性体长170～265 µm，雄性体长约102 µm。分布广泛，近岸海水及淡水中均有分布。

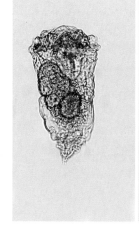
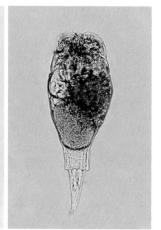

21.针簇多肢轮虫*Polyarthra trigla* Ehrenberg，1834

隶属疣毛轮虫科Synchaetidae，多肢轮虫属*Polyarthra*。体较小，圆筒形或长方形。无足。体两旁有许多片状或针状的附属肢，一般为12个羽状刚毛，分4束，每束3条，背腹各2束。

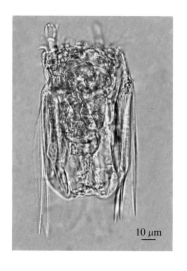

10 µm

22.长三肢轮虫 *Filinia longiseta* Ehrenberg，1834

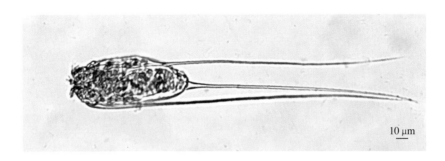

10 μm

隶属单巢纲Monogononta，神轮目 Gnesiotrocha，簇轮目 Flosculariacea，镜轮科 Testudinellidae，三肢轮属 *Filinia*。无被甲，体呈卵圆形，有3～4根较细长的附肢，下唇无突出物，前肢较长，为体长的2倍或2倍以上。营底栖或附着生活。

23.奇异巨腕轮虫 *Hexarthra mira* Hudson，1871

隶属单巢纲Monogononta，簇轮目 Flosculariacea，镜轮科 Testudinellidae，巨腕轮虫属 *Hexarthra*。无被甲，体具有6个较粗壮的附肢，其末端具有发达的羽状刚毛。此结构较独特，能划动，使身体能在水中自由跳跃。

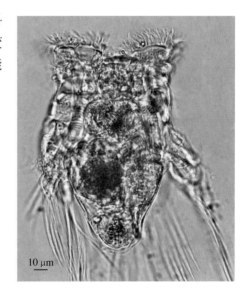

10 μm

24.环顶巨腕轮虫 *Hexarthra fennica* Lavander，1892

无被甲，体具6个较粗壮的附肢，其末端具有发达的羽状刚毛。分布在淡水、内陆盐水中。

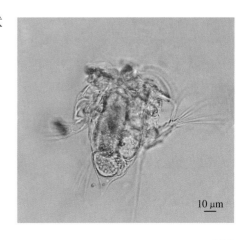

10 μm

25. 微凸镜轮虫 *Testudinella mucronata* Gosse，1886

隶属单巢纲 Monogononta，簇轮目 Flosculariacea，镜轮科 Testudinellidae，镜轮属 *Testudinella*。被甲较坚硬，背腹扁平。有足，长圆筒形，不分节，末端无趾，有一圈自内射出的纤毛。

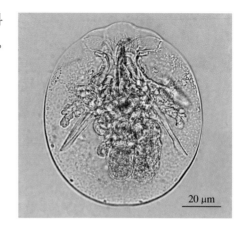

26. 多态胶鞘轮虫 *Collotheca ambigua* Hudson，1883

隶属单巢纲 Monogononta，胶鞘轮目 Collothecacea，胶鞘轮科 Collothecidae，胶鞘轮属 *Collotheca*。本体呈喇叭状，头冠周围有5束长而发达的刚毛。足很长，前半部分约1/3处的前端外表具有环纹，时有排出的非需精卵附着其上。体长650～790 μm。

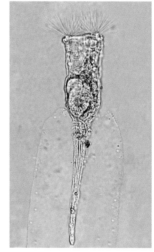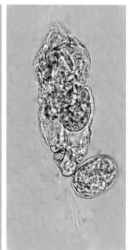

27. 独角聚花轮虫 *Conochilus unicornis* Rousselet，1892

隶属单巢纲 Monogononta，簇轮目 Flosculariacea，聚花轮科 Conochilidae，聚花轮属 *Conochilus*。头冠系聚花轮虫型，围顶带呈马蹄形。多为自由游动的群体，腹触手合二为一。群体由2～25个个体组成。

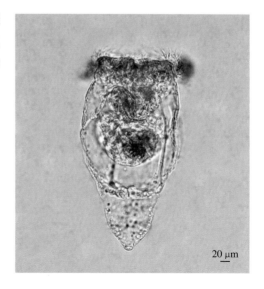

三、枝角类Cladocera

1.圆形盘肠溞*Chydorus sphaericus* O. F. Müller，1776

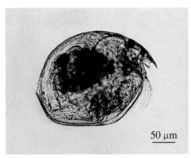

隶属节肢动物门Arthropoda，甲壳动物亚门Crastacea，鳃足纲Branchiopoda，枝角类Cladocera，异足目Anomopoda，盘肠溞科Chydoridae，盘肠溞属*Chydorus*。雌性体长0.25～0.45 mm。体圆形。浅黄色或黄褐色。壳瓣短而高，背缘拱起，后缘极低，腹缘的后半部内褶皱并列生刚毛。后背角不明显。壳面具六角形或多角形网纹。头部低。吻部长且尖，紧贴壳瓣前端。单眼比复眼小，它到复眼的间距比到吻尖短。第一触角前侧偏末端1/3处生长1根触毛。第二触角的游泳刚毛序式0-1-3/0-0-3。肠管末部具1个盲囊。唇片尖舌状，脊上无刻齿。后腹部短，前肛角明显凸出，具8～10个肛刺。尾爪基部有2个爪刺。雄性体长0.23～0.32 mm。壳瓣的后背角外凸明显。腹缘比背缘更加凸出，全部列生刚毛。吻部短钝，从顶面观可见2个细小的突起。第一触角粗壮，有多根触毛。第一胸肢具强钩。后腹部在肛门后方收缢呈棒状。肛刺和爪刺均缺失或呈刚毛状。

2.点滴尖额溞*Alona guttata* G.O. Sars，1862

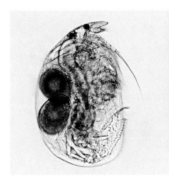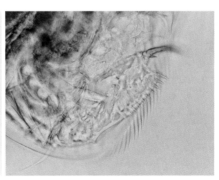

隶属枝角类Cladocera，异足目Anomopoda，盘肠溞科Chydoridae，尖额溞属*Alona*。雌性体长0.38～0.45 mm。体近方形或长方形。身体无色或透明淡黄色。壳瓣背缘稍拱起，腹缘平直，后缘显著高于壳高的一半。后腹角浑圆。壳面大多具纵行花纹，有时具小圆圈连接而成的纵纹。头部伸向前。吻部短。复眼比单眼大。第一触角不超过吻尖。第二触角内、外肢各分3节，共8根游泳刚毛。肠管盘曲，末部有1个盲囊。后腹部短而宽，末背角呈三角形，背缘具7～9个粗壮的肛刺，侧面无栉毛簇。尾爪基部具1个爪刺。雄性体长0.30～0.43 mm。壳瓣背缘平直，腹缘中部凹入。第一触角的前后侧均具触毛。第一胸肢具强钩。后腹部向爪尖削窄，无肛刺，而仅在侧面有少数栉毛，无爪刺。

3. 多型圆囊溞 *Podon polyphemoides* Leuckart，1895

隶属枝角类Cladocera，钩足目Onychopoda，圆囊溞科Podonidae，圆囊溞属*Podon*。壳瓣形成孵育囊，不包被头部和胸肢，体短，头大，复眼大，无单眼。第一触角小，不能动。雌性体长0.25～0.45 mm，具颈沟，壳瓣圆，呈囊形，育室半圆形。第二触角刚毛式0-1-2-4/1-1-4，本种广泛分布于近海岸，盐幅极广，也可进入半咸水水域生活。

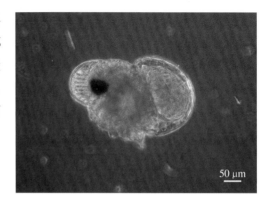

4. 肥胖三角溞 *Evadne tergestina* Claus，1864

隶属枝角类Cladocera，钩足目Onychopoda，圆囊溞科Podonidae，三角溞属*Evadne*。雌性体长约0.5 mm，体高约0.8 mm，背甲呈锥形，在中国沿海水域均有分布，尤其以北方沿岸居多。

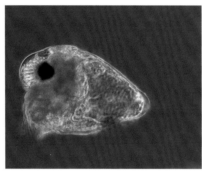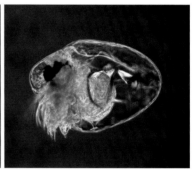

5. 鸟喙尖头溞 *Penilia avirostris* Dana，1849

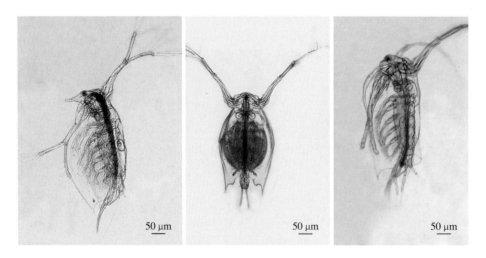

隶属枝角类Cladocera，栉足目Ctenopoda，仙达溞科Sididae，尖头溞属*Penilia*。体近长方形，透明。壳瓣背缘稍拱起，腹缘几乎平直，后缘弯曲近乎呈S形。腹缘与后缘的边沿均具细棘。后腹角非常突出，延伸出1根短而粗的壳刺。头与吻部均尖突。复眼较小，无单眼。第一触角前侧有1根长触毛，其长度超过触角，末端为1簇嗅毛。第二触角长大，内肢与外肢均分2节，共有游泳刚毛13根。胸肢6对。后腹部细长，无肛刺列。尾毛很长，位于圆锥状的突起上。尾爪非常细长，具2个大小不等的爪刺。雌性体长为0.7～1.3 mm，第一触角单节，长度超过额角，在中国渤海至南海均有分布。

6.蒙古裸腹溞*Moina mongolica* Daday，1901

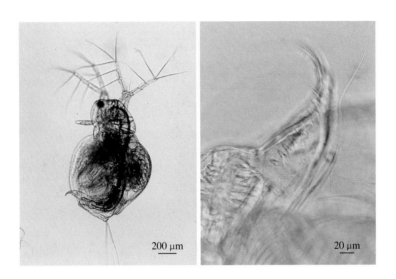

  隶属枝角类Cladocera，异足目Anomopoda，裸腹溞科Moinidae，裸腹溞属*Moina*。雌性体长1.0～1.4 mm，雄性体长0.88～0.98 mm。长卵圆形，侧扁。幼体无色或白色，成体淡黄色。第一触角棒状，2节。第二触角刚毛式为0-0-1-3/1-1-3。胸肢5对，雌性第一胸肢有8个羽状刚毛，在其末节有1根光滑无毛的刺，长度为同节羽状刚毛的1/2，倒数第二节上无前刺。尾爪基部有栉刺列和细毛，无羽状分叉的肛刺1个，羽状肛刺8～10枚。栖息于盐湖沿岸，已驯化于海水中大量培养，可做海洋污染的模式生物或受试生物。

四、桡足类Copepoda

1.中华哲水蚤*Calanus sinicus* Brodsky，1962

  隶属节肢动物门Arthropoda，甲壳动物亚门Crustacea，颚足纲Maxillopoda，桡足亚纲Copepoda，哲水蚤目Calanoida，哲水蚤科Calanidae，哲水蚤属*Calanus*。第五胸足基节内缘具锯齿，齿数多于16，雄性左足比右足长大。体长2.6～3.0 mm，第五胸足基节齿线远端1/3～2/5处凹陷，齿数17～21，雄性左足内肢很短，最多达其外肢第一节的末端。为暖温带种，广泛分布于渤海、黄海、东海，数量多，是重要的海洋桡足类，是很多经济鱼类和须鲸的主要饵料。

2. 小拟哲水蚤 *Paracalanus parvus* Claus，1863

隶属哲水蚤目 Calanoida，拟哲水蚤科 Paracalanidae，拟哲水蚤属 *Paracalanus*。体小，0.7 ~ 1.1 mm。末胸节后侧角圆钝。头节与第一胸节愈合，末端两胸节也常愈合。额角呈两条细线状。第二至第四胸足的外肢第三节外缘呈锯齿状。第五胸足雌性对称，单肢型，2节；雄性不对称，左足5节，右足2节。雌性第四胸足内、外肢第二节的后段表面没有小刺。雌性第五胸足末节的背末缘无细刺，顶端内刺的长度比节本身长。该种是

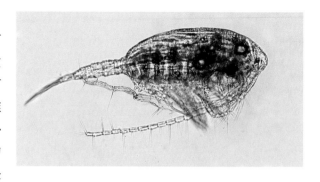

最常见的表层桡足类，遍布世界各海域。中国从渤海到南海沿岸水域广泛分布，常为优势种。

3. 强额拟哲水蚤 *Paracalanus crassirostris* Dahl，1894

大部分雌性体长0.5 ~ 0.6 mm，侧面观前额较狭，额角分叉而粗短，末端钝而不呈细线状，胸部后侧角钝圆。腹部生殖节膨大，呈球形。第五胸足雌性对称，单肢型，2节。大部分雄性体长0.4 ~ 0.6 mm，第五胸足内刺粗短，左足5节，右足2节。中国沿岸均有分布。

4. 瘦尾胸刺水蚤 *Centropages tenuiremis* Thompson & Scott，1903

隶属哲水蚤目 Calanoida，胸刺水蚤科 Centropagidae，胸刺水蚤属 *Centropages*。前额较突出，雌性末胸节右后侧角较大，内侧无刺突。生殖节后面有钩状突起。雌性第五胸节内肢第二节遍生小毛，右足外肢分2节，第一节内缘有一大的弯向后方的刺突，其上具小齿。雄性右足外肢分3节，第二节刺突自内缘中部伸出与第三节形成钳状。为河口沿岸种，分布广泛。

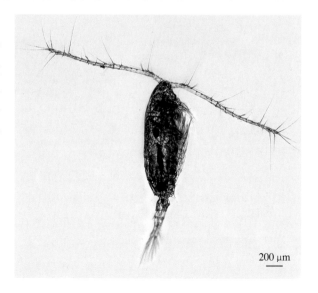

200 μm

5.火腿伪镖水蚤*Pseudodiaptomus poplesia* Shen，1955

隶属哲水蚤目Calanoida，伪镖水蚤科Pseudodiaptomidae，伪镖水蚤属*Pseudodiaptomus*。雌性体长1.2 ～ 1.45 mm（小型）或2.0 ～ 2.2 mm（大型），1 ～ 3腹节的后缘有锯齿，尾叉长约为宽的3倍，内缘有细长的刚毛，居中1根膨大，第五胸足第1和2基节的后缘都有细刺列。雄性体长1.2 ～ 1.7 mm，生殖节短小，2 ～ 4腹节的后缘有锯齿列，执握肢20节，14 ～ 18节膨大，18 ～ 19节的内缘有栉齿，右第五胸足第2基节内侧面近基部有1个锥形突起，顶端为1个指状尖角。主要产于淡水，但河口沿岸咸水区也有出现。

100 μm

6.真刺唇角水蚤*Labidocera euchaeta* Giesbrecht，1889

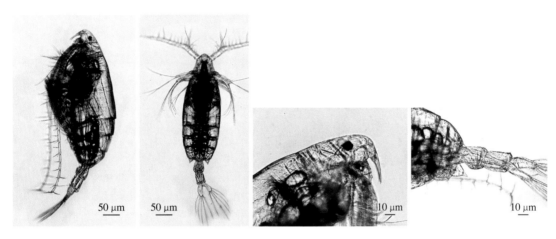

50 μm   50 μm   10 μm   10 μm

隶属哲水蚤目Calanoida，角水蚤科Pontellidae，唇角水蚤属*Labidocera*。头胸部近纺锤形，前额狭小，额角发达，无侧钩。尾叉短，右叉较宽大。第五胸足单肢型，雌性各有3节，对称；雄性的各4节，不对称，右足第三、四节呈半钳状。

7.克氏纺锤水蚤*Acartia clausi* Giesbrecht，1889

隶属哲水蚤目Calanoida，纺锤水蚤科Acartiidae，纺锤水蚤属*Acartia*。小型桡足类，身体瘦小，头背中央具1个单眼，第四、五节愈合，没有额角丝，后侧角钝圆。雌性腹部三节，雄性五节。第五胸足雌雄均为单肢型，雌性分2 ～ 3节，对称，第二节方形，末节刺状，远端具细齿；雄性左足三节，右足四节，左足末节内缘具1个指状突和1个刺。广布于中国渤海和黄海。

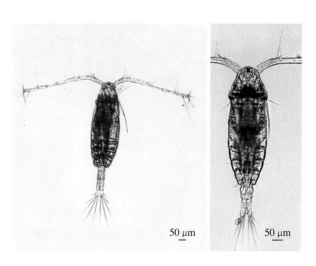

50 μm   50 μm

8. 太平洋纺锤水蚤 *Acartia (Odontacartia) pacifica* Steuer，1915

头胸部纺锤形，有额角丝。雌性胸部后侧角刺突粗大，长达生殖节中部，第一触角第二节背腹缘无小刺，尾叉长约为宽的3倍，第五胸足单肢型，第二节长稍长于宽，末节呈刺状，基部膨大呈长方形。雌性体长1.2～1.6 mm，雄性体长1.0～1.3 mm。第五胸足左足三节，第三节顶端具1个小刺，内缘中部有1根长刺毛，右足四节，末节狭长呈钩状，末刺短小，内缘中部有1个微刺。热带、亚热带沿岸及河口表层种类，中国渤海、黄海及东海沿海均有分布。

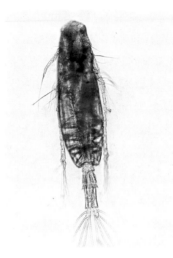

9. 双刺纺锤水蚤 *Acartia bifilosa* Giesbrecht，1889

头胸部纺锤形，有额角丝。雌性第一触角第二节背腹缘有小刺。雌性体长0.8～0.9 mm，雄性体长0.7～0.8 mm，中国渤海及黄海均有分布。

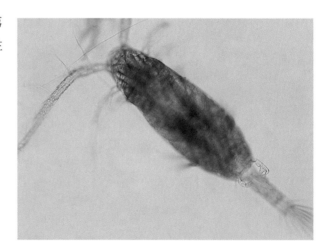

10. 捷氏歪水蚤 *Tortanus derjugini* Smirnov，1935

隶属哲水蚤目Calanoida，歪水蚤科Tortanidae，歪水蚤属*Tortanus*。中小型桡足类，头节和第一胸节分开，前额呈钝三角形，前端背面有1个单眼。雌性腹部2～3节，雄性5节。腹部与尾叉常不对称。两性第五胸足均为单肢型，雌性2～3节，末节呈镰刀状；雄性左4节，右3节，呈半螯状。雌性后侧角呈翼状突，左第五胸足稍长；雄性左足末节狭长，内缘基部无突起。主要分布于沿岸低盐水域。

200 μm

11.太平洋真宽水蚤 *Eurytemora pacifica* Sato，1913

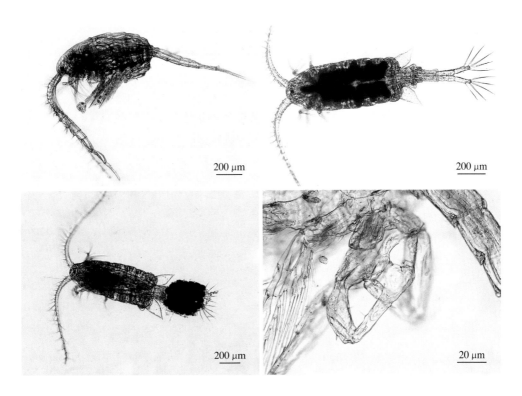

200 μm

200 μm

200 μm

20 μm

隶属哲水蚤目 Calanoida，宽水蚤科 Temoridae，真宽水蚤属 *Eurytemora*。小型桡足类，头节与第一胸节分开，雌性第四与第五胸节愈合，雄性分开。第一胸足内肢单节，第二至第四胸足内肢均分为2节。雌雄第五胸足均为单肢型，各分4节，左右不对称。雌性末胸节后侧角具发达的三角形翼状突，雄性钝圆。尾叉对称，长为宽的3倍。为暖性沿岸种。在中国分布于山东北部沿岸盐度较低的水域，数量较多。

12.分叉小猛水蚤 *Tisbe furcata* Baird，1837

隶属猛水蚤目 Harpacticoida，小猛水蚤属 *Tisbe*。为雌雄异体，前体部并不显著宽于后体部，头节与第一胸节愈合，额部突出，身体的活动关节在第四和第五胸节之间。第一触角呈单肢型，分为8节，第二触角为双肢型；第一至第四胸足均为双肢型，内肢为2节，外肢为3节，每对胸足之间具1个几丁质板，第五胸足为1节，附4根刚毛。雌性腹部第一、二节愈合成生殖节，生殖节上有2个卵囊。

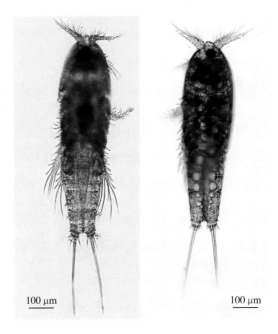

100 μm

100 μm

13.大尾猛水蚤 *Harpacticus uniremis* Krøyer，1842

雌雄异体，头胸部显著宽于腹部，分界明显，头节最宽，向腹部逐渐趋窄，活动关节在第四、五胸节之间。头节与第一胸节愈合。第一触角9节。第二触角退化为单肢型，分3节。第一至第四胸足内外肢均为2节。第五胸足分2节，基节与第五胸节愈合，末节呈三角形，宽度大于长度，附1刺1刚毛。雌性体长约0.94 mm，卵囊含卵22～24粒。雄性体长约0.83 mm，比雌性瘦小，第一触角左右均形成执握肢。分布广泛，适应能力强。是优良活饵料的潜在开发对象。

14.拟长腹剑水蚤 *Oithona similis* Claus，1866

隶属剑水蚤目Cyclopoida，长腹剑水蚤科Oithonidae，长腹剑水蚤属*Oithona*。小型桡足类，体细长，前后体部分界明显，后体部狭长。雄性第一触角短粗，第二触角2～4节，外肢消失。第一至第四胸足外肢各3节；第五胸足退化，只有1或2根长刺毛。头节与第一胸节分开。前体部5节；后体部雌性5节，雄性6节。生殖孔位于腹部第二节。额角尖，雌性第一触角长超过前体部，雌性第二胸足内肢第三节具1个外刺，雄性具2个外刺。

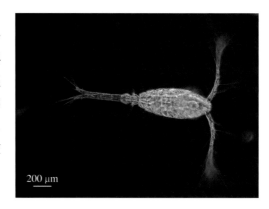

200 μm

15.短角长腹剑水蚤 *Oithona brevicornis* Giesbrecht，1891

小型桡足类，体细长，前后体部分界明显，后体部狭长。雄性第一触角短粗；第二触角2～4节，外肢消失。第一至第四胸足外肢各3节；第五胸足退化，只有1或2根长刺毛。头节与第一胸节分开。前体部5节；后体部雌性5节，雄性6节。生殖孔位于腹部第二节。额角尖，雌性第一触角长达前体部，雌性第一胸足内肢第三节具3个外刺。

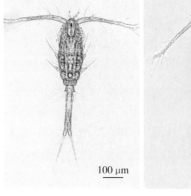

100 μm   100 μm

16.短角异剑水蚤*Apocyclops royi* Lindberg，1940

隶属剑水蚤目Cyclopoida，剑水蚤科Cyclopidae，异剑水蚤属*Apocyclops*。雌性体长0.94～0.99 mm。头部近圆形，第二至第四胸节的后侧角突出，第五胸节较生殖节稍宽，近侧缘的背面具1长刚毛。纳精囊的前半部呈横梭形，后半部呈长圆袋状。尾叉的长度约为宽度的5.5倍，侧尾毛位于尾叉侧缘的中部。第一触角较短，其末端约抵头节的末缘，共分11节。第二触角分3节。第一至第四胸足内、外肢均分2节，外肢末节的刺式为3、4、4、3。第一胸足第二基节的内末角具1长刚毛，末端约抵内肢第二节的中部。第四胸足内肢第二节的长度约为宽度的1.93倍，约为末端外刺长度的1.46倍。第五胸足的基节与第五胸节愈合，末节的内末角具1短刺，外末角具长刚毛1根。雄性体长约0.75 mm。第五胸足呈方形，内末缘壮刺的长度大于节本身长度的2倍。第六胸足具2根刚毛及1根内刺。

17.台湾温剑水蚤*Thermocyclops taihokuensis* Harada，1931

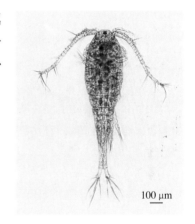

隶属剑水蚤目Cyclopoida，剑水蚤科Cyclopidae，温剑水蚤属*Thermocyclops*。头胸部卵圆形，腹部瘦削。尾叉较短，内缘光滑。第一胸足底节的内末角具1根羽状刚毛。第五胸足分2节，基节短而宽，外末角突出1根羽状刚毛，末节窄长，末缘具1根刺和1根刚毛。

18.近缘大眼剑水蚤*Corycaeus affinis* Mcmurrichi，1916

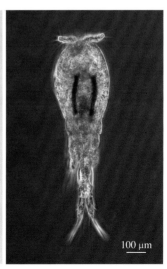

隶属剑水蚤目Cyclopoida，大眼剑水蚤科Corycaeidae，大眼剑水蚤属*Corycaeus*。小型桡足类，前后体部分界明显，前体部呈长椭球形。头节与第一胸节分开或愈合。前端有1对发达的晶体。无真正的额角。后侧角明显。后体部较短且狭，1或2节。尾叉长短不一。第一触角短小，第二触角发达。第一至第三胸足的内外肢各分3节，内肢较短；第四胸足外肢3节，内肢退化；第五胸足消失，仅留下2根刚毛。第三、四胸节分开，第三胸节后侧角壳达生殖节基部。雄性第二触角第二基节外缘具细齿，第四胸足内肢有2根刺毛。广布于中国沿岸水域，尤以渤海、黄海数量为多。

五、其他浮游动物

1.海月水母 *Aurelia aurita* Linnaeus，1758

隶属腔肠动物门Coelenterata，钵水母纲Scyphozoa，旗口水母目Semaeostomae，海月水母属*Aurelia*，伞径260～400 mm，有8个宽大的缘叶，口腕长约为伞径的1/2。中国近海，尤其是黄海、渤海有分布。

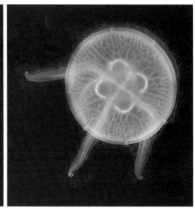

2.异体住囊虫 *Oikopleura (Vexillaria) dioica* Fol，1872

隶属腔肠动物门Coelenterata，有尾纲Copelata，住囊虫属*Oikopleura*。躯体短而宽，背部近平直。口位于前端，斜向背面，口腺小。尾部肌肉很窄，具2个纺锤形的亚脊索细胞。尾部与躯体的长度比约为4∶1。雌雄异体。在中国沿岸水域（特别是南海）广泛分布。

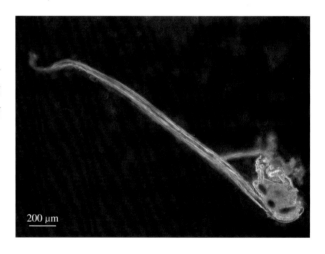

3.长尾住囊虫 *Oikopleura (Coecaria) longicauda* Vogt，1854

隶属腔肠动物门Coelenterata，有尾纲Copelata，住囊虫属*Oikopleura*。躯体短而胖，具发达的角质头巾。口斜向背部，没有口腺和亚脊索细胞。尾部较硬，肌肉较宽而硬，伸至尾部近末端。鳍的末端为圆形。尾、躯长度比约为5∶1。雌雄同体。中国沿岸水域较常见。

4.双叉薮枝螅水母 *Obelia dichotoma* Linnaeus，1758

隶属刺胞动物门 Cnidaria，水螅纲 Hydrozoa，薮枝螅水母属 *Obelia*，伞部扁平，伞径0.18～0.2 mm，触手16个，在中国山东、浙江沿海均有分布。

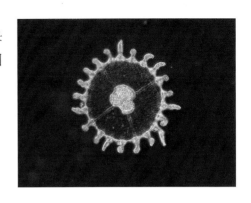

5.强壮箭虫 *Sagitta crassa* Tokioka，1938

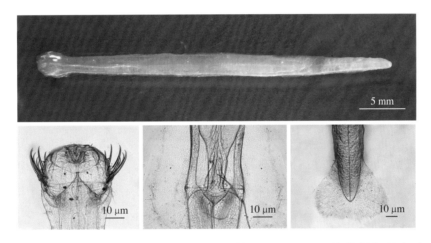

隶属毛颚动物门 Chaetognatha，箭虫科 Sagittidae，箭虫属 *Sagitta*。泡状组织很发达，延伸至尾部。纤毛冠丙型，两侧呈波浪状。贮精囊呈椭球形。颚刺8～11个。前、后齿分别为6～14、15～43。沿岸低盐种，在中国渤海、黄海占优势。

6.日本新糠虾 *Neomysis japonica* Nakazawa，1910

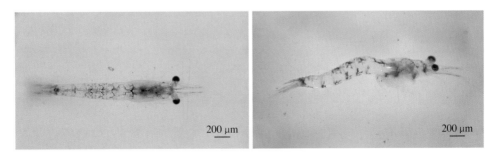

隶属节肢动物门 Arthropoda、甲壳纲 Crustacea、糠虾目 Mysidacea、糠虾科 Mysidae、新糠虾属 *Neomysis*。头胸甲不能覆盖头胸部的所有体节，末1～2个胸节常露于甲外，背部有明显的颈沟。具有带柄的复眼，眼较细长。第二触角鳞片较窄而且长，末端尖锐，外肢狭长且分节。胸足双肢型，具发达的外肢。尾肢外肢外缘有刚毛而无刺，内基部有平衡囊，与尾节构成尾扇。尾节狭长，具4个末端刺。主要分布于中国渤海至南海的沿岸河口水域。

六、浮游幼虫planktonic larva

1.腔肠动物的浮浪幼虫 planula larva of Coelenterates

　　隶属腔肠动物门Coelenterata。具有世代交替的水螅水母和旗口水母的实原肠胚，呈长圆柱形，其表面遍生纤毛，能在海中游动，称浮浪幼虫。虫体由内、外两胚层组成，内胚层细胞集中于体内，没有空腔，故又称实囊幼虫。经在海中浮游几小时至数日之后，浮游幼虫附着于物体上，继续发育、生长。

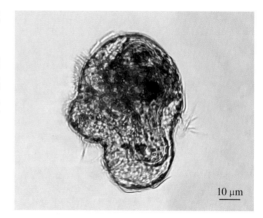

2.多毛纲的疣足幼虫 nectochaete of Polychaete

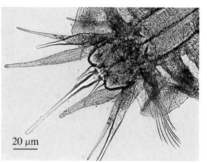

　　隶属多毛纲Polychaete。由担轮幼虫发育而成的后期幼虫，由虫体伸长，并在虫体两侧长出许多刚毛。根据刚毛节数的不同，疣足幼虫又可分为不同的发育期。当幼虫进一步发育后，原担轮变为口前叶，后担轮成为围口节，在口区与端区之间的生长区，自前而后地陆续长出躯干部的体节，经变态后成为通常营底栖生活的多毛幼体。

3.担轮幼虫 trochophora

　　环节动物多毛类和软体动物在其早期发育阶段都有担轮幼虫期，如多毛类的原肠形成以后，就发育为担轮幼虫。虫体近陀螺形。前端细胞较厚，顶端有1束纤毛和眼点，内有集中的神经组织，称为顶板或感觉板。体中部有1圈纤毛细胞，称为原担轮。口位于原担轮后方，有口一侧为腹面，肛门也在后方。营浮游生活。

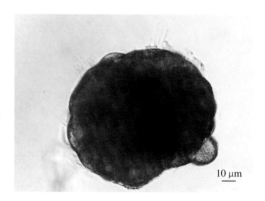

4.软体动物的面盘幼虫 veliger of Mollusca

隶属软体动物门Mollusca。这是由担轮幼虫发育而成。在腹足类的这一幼虫期，担轮幼虫的口前纤毛环向外发展成具有长纤毛的、2个半圆形的游泳器官，称为面盘(velun)。当游泳时，纤毛摆动如轮盘。同时，幼虫出现足、眼和触角。由于不等生长，贝壳螺旋地增长。接着，它和内脏团

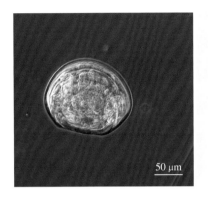

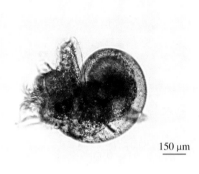

开始出现扭转现象(torsion)。瓣鳃类的面盘幼虫的结构基本上和腹足类相似，但是，由于没有扭转现象，幼虫通常是对称的。

5.刚毛幼虫 setae of Polychaete

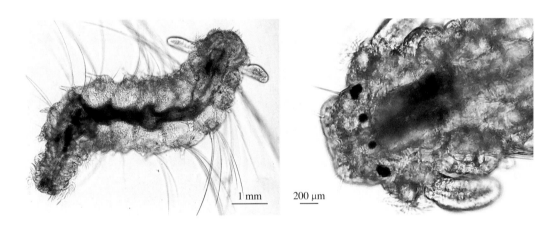

隶属环节动物门Annelida，多毛纲Polychaete，疣足幼虫Nectochaete。是由担轮幼虫发育而成的早期偏后的幼虫，发育过程主要是虫体伸长，并在虫体两侧长出许多刚毛。后发育为疣足幼虫。

6.软体动物的壳顶幼虫 umbo-veliger of Mollusca

隶属软体动物门Mollusca。一般这一时期的幼体的面盘仍然存在，并具外壳。在腹足类，贝壳进一步扭转，其左右对称也扭转了，肛门转向右边，与口靠近。在瓣鳃类两片贝壳愈益发达，在变态过程中，面盘突然消失。到了后期，壳顶幼虫向下沉降，改营底栖生活。

7.蔓足类的六肢幼虫 hexapod larva of the Cirripodia

隶属甲壳动物亚门Crustacea，蔓足亚纲 Cirripedia。身体(背甲)略呈三角形，前端两侧各具1棘突，体后端有1长的尾刺和2个小的腹突起。身体背面前端具1单眼。幼体具3对附肢。

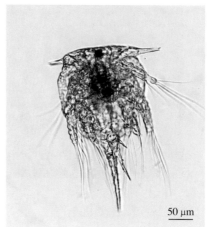
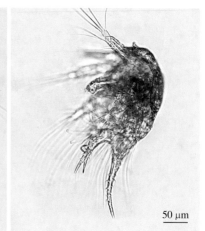

8.纽形动物的帽状幼虫 pilidium larva of Nemertea

隶属纽形动物门Nemertea。这是异纽虫类(Heteronemertini)胚胎发育的阶段之一。幼虫直接由原肠胚发育而来，幼虫形如具耳瓣的帽子，边缘遍生纤毛。口位于虫体的下方，反口面顶端有1束长的纤毛，具感觉功能。帽状幼虫营短期浮游生活后，经变态成为异纽虫的幼体。

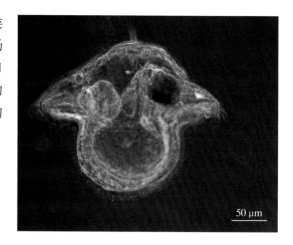

9.桡足类的无节幼体 nauplius of Copepoda

隶属甲壳动物亚门Crustacea。桡足类幼虫，体呈卵圆形，具有3对附肢和1个单眼，一般分为6期，前3期以卵黄为营养，第4期以后，肛门开口，开始摄食。各期无节幼体的区别在于个体的大小、附肢刚毛数和尾刺数。

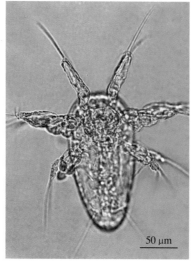
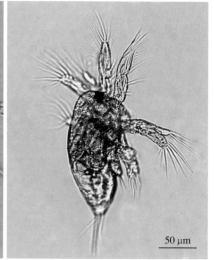

10.桡足类的桡足幼体 copepodite of Copepoda

隶属甲壳动物亚门Crustacea。桡足类幼虫，身体分前、后体部，基本上具备了成体的外形特征，所不同的是，身体较小，体节和胸足数较少。一般可分为5期。体节和胸足数随发育而增多。到了第5期，桡足幼体基本上已出现雌雄区别，但尚未性成熟。

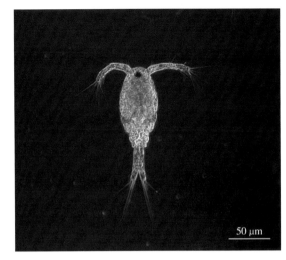

11.十足类的长尾类幼虫 macrura larva of Decapoda

隶属甲壳动物亚门Crustacea。泛指游行亚目及爬行亚目中长尾派的各类幼虫。这类幼虫在浮游生物中的数量有时很大，由于不易鉴定，故常合并在一起，统称长尾类幼虫。但是龙虾(*Palinurus* spp.)的叶状幼虫(phyllosoma)，由于身体扁平，呈叶状，且很透明，附肢细长分叉，很易鉴别。

12.十足类的溞状幼虫 zoea of Decapoda

隶属甲壳动物亚门Crustacea。溞状幼虫或称水蚤幼虫，在有的种类，由于这一幼虫期的持续时间较长，又分为前溞状幼虫、溞状幼虫和后溞状幼虫3个阶段。各种短尾类的溞状幼虫的形态并不相同。一般其头胸部较发达，背甲有1根向上伸长的刺，其前端另有1根向下伸长的刺，腹部分节，且向背部弯曲。头节具2对复眼。大眼幼虫的头胸部背腹扁，犹如成体。腹部分节，向后伸直，复眼有柄。

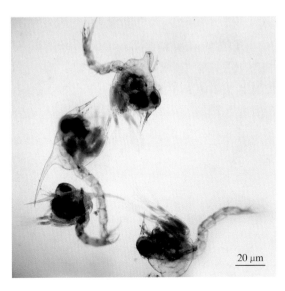

13.海胆纲的长腕幼虫 echinopluteus larva

隶属棘皮动物门Echinodermata。这类幼虫和蛇尾长腕幼虫基本相似，但口腕较多。它们历经几个月的浮游生活，待成体骨骼形成后，才逐渐沉入海底。

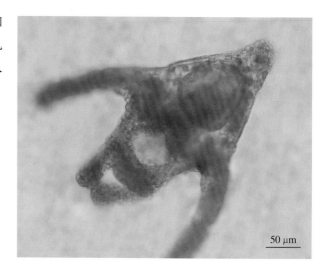

50 μm

14.蛇尾纲的长腕幼虫 ophiopluteus larva

隶属棘皮动物门Echinodermata。有4对细长的口腕，外侧1对最长、对称，为后侧腕。口腕的排列使虫体略呈三角形。口位于底部。肛门开口在三角形顶端的腹面。

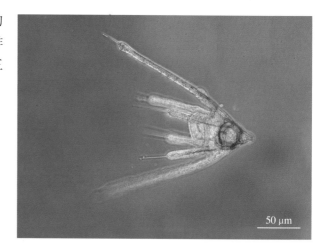

50 μm

15.海星羽腕幼虫 bipinnaria larva

隶属棘皮动物门Echinodermata。左右对称。口位于腹面中央，肛门开口于后端，具有口前纤毛环和口后纤毛环，纤毛环在一定的部位向外突出而形成细长的腕。一般羽腕幼虫生活几周后，经过变态成为短腕幼虫(brachiolaria larva)而沉落海底。

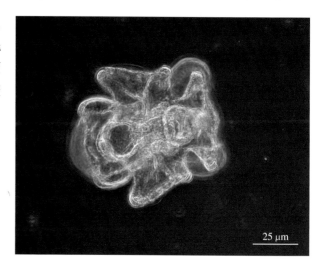

25 μm

16.内刺管盘虫担轮幼虫 trochophore larva of *Hydroides ezoensis*

隶属环节动物门Annelida，多毛纲Polychaeta。虫体近陀螺形，前端细胞层较厚，顶端有1束纤毛和眼点，内有集中的神经组织。身体中部（相当于"赤道带"）有1圈纤毛细胞，环绕虫体中部。口位于原担轮的后下方，有口的一侧为虫体的腹面。虫体的后端有1色素区及肛门。肛门开口在身体的末端。

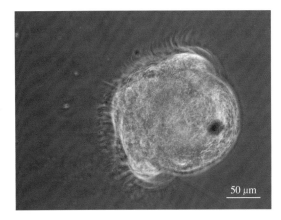

50 μm

17.泥蚶的担轮幼虫 trochophore of *Tegillarca granosa*

隶属软体动物门Mollusca。形态与多毛纲的担轮幼虫类似。

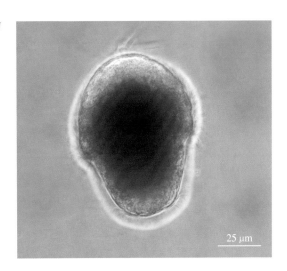

25 μm

18.河蟹的大眼幼虫 megalopa larva of *Eriocheir sinensis*

隶属甲壳动物亚门Crustacea。大眼幼虫的头胸部背腹扁，犹如成体。腹部分节，向后伸直。复眼有柄。到了这一期，幼体已开始改营底栖生活。所以它们在浮游生物中的数量比溞状幼虫少得多。

2 mm

19. 口足类的依雷奇幼虫 erichthus larva of Stromatopoda

隶属甲壳动物亚门Crustacea。这类幼虫尾节的侧刺与亚中央刺之间具有1个棘刺，触角节无中央刺，眼柄较短，第一至第五腹足外肢有毛，第二颚足掌节基部有1个刺。

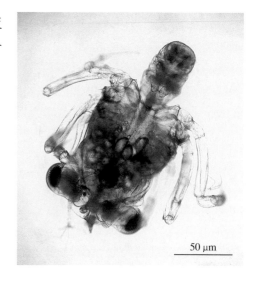

50 μm

20. 口足类的阿利玛幼虫 alima larva of Stromatopoda

隶属甲壳动物亚门Crustacea。这类幼虫尾节的侧刺与亚中央刺之间具有4个或4个以上棘刺，触角节有中央刺，眼柄较长，第一至第五腹足外肢无毛，第二颚足掌节基部有3个刺。

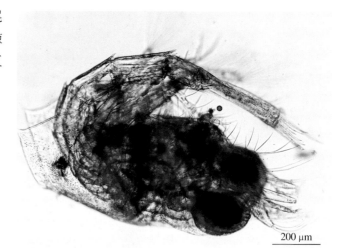

200 μm

21. 樽形幼虫 doliolaria larva

隶属棘皮动物门Echinodermata。身体椭球形，略似被囊类的海樽。顶端有1束感觉纤毛。体外有5个纤毛环。

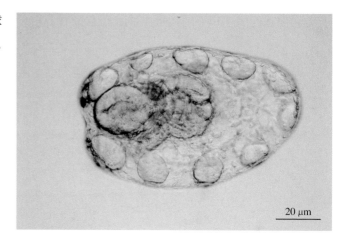

20 μm

22.耳状幼虫细锚参 auricularia larva of *Apostichopus japonicus*

隶属棘皮动物门 Echinodermata。这类幼虫的外形和海星纲的羽腕幼虫相似，所不同的是2个纤毛环没有完全分开，而且各腕很短小。

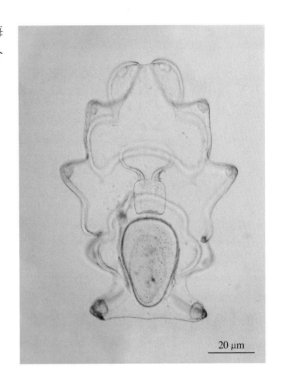

20 μm

第三章

底栖动物 | benthos

一、腔肠动物门Coelenterata

1.绿侧花海葵*Anthopleura midori* Uchida & Murmatsu，1958

隶属珊瑚纲Anthozoa，海葵目Actiniaria，海葵科Actiniidae，侧花海葵属*Anthopleura*。亦称绿海葵。体高20～80 mm，柱体直径15～60 mm。基部圆形，上部较宽，中部大多紧缩。体壁为绿色，具48列绿色疣状突起，口盘附近的疣突粗大明显。口位于口盘中央，圆形或裂缝形。口盘浅褐色

或浅绿褐色。触手浅黄色、淡绿色或白色，常为96条，其长度与口盘直径相等。栖息于潮间带，分布广泛。

2.纵条肌海葵*Haliplanella luciae* Verrill，1898

隶属珊瑚纲Anthozoa，海葵目Actiniari，纵条肌海葵科Haliplanellidae，肌海葵属*Haliplanella*。小型个体，体长2～3 cm，口盘直径1.5～2 cm，足盘直径2～2.5 cm。身体呈筒状，口盘上有不规则的浅黄色放射形暗线。触手排列于口盘边缘，数目变化大，伸展时呈丝状。口为长裂缝状，位于口盘中央。体壁光滑，半透明状。体壁上的小壁孔呈纵行排列，常见有枪丝射出。足盘边缘延伸呈舌状。生活时体呈黄绿色、褐绿色等，并具橘黄色或淡黄色放射条纹间隔排列于表面。中国沿海各地常见。栖息于沿海潮间带和潮下带，营附着生活。图片样品采集于辽宁省大连市星海公园。

3.海蜇*Rhopilema esculentum* Kishinouye，1891

隶属钵水母纲Scyphozoa，根口水母科Rhizostomatidae，海蜇属*Rhopilema*。伞径300～500 mm，最大个体为800 mm，重达40 kg。外伞表面光滑，胶质层厚实，每1/8伞缘有14～20个舌状缘瓣。无触手。有生殖乳突。成体一般为乳白色，由于发达的环肌具有多样色素细胞，致伞部呈现红褐色、青蓝色、淡黄色、褐色。由于栖息海域不同，故颜色也有差异，常构成不同群体的颜色差异。本种为暖水性河口种类。主要分布于中国东北沿海。

二、扁形动物门Platyhelminthes

平角蜗虫*Planocera reticulata* Gray，1860

隶属蜗虫纲Turbellaria，多肠目Polycladida，平角科Planoceridae，蜗虫属*Planocera*。体扁平略呈卵圆形。虫体背面灰褐色，色素聚集成黑色的网状斑点，腹面颜色淡。前面钝宽，后端稍窄。体长约3 cm，宽约1.8 cm。触手1对，纤细圆锥形，位于体前的1/4处。口位于腹面中央，具4～5对深的侧褶，其后为生殖孔，雌前雄后。

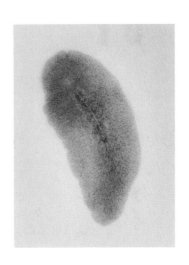

三、线形动物门Nemathelminthes

线虫动物Nematoda

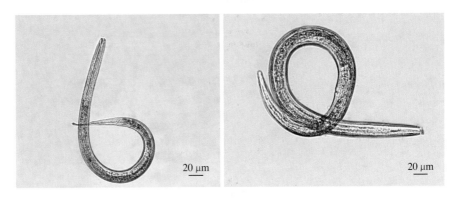

隶属线形动物门Nemathelminthes，线虫纲Nematoda。两侧对称，体长，通常两端尖，并具透明隔腔（消化道与体壁间充满液体的体腔）。

四、环节动物门 Annelida

1.沙蚕 *Nereis* sp.

　　隶属环节动物门 Annelida，多毛纲 Polychaeta，游走目 Errantia，沙蚕科 Nereididae，沙蚕属 *Nereis*。口前叶为典型的沙蚕型，2个口前触手和2个触手角，4对围口触手。吻的口环及颚环上均有圆锥形齿。前2对疣足为单叶型，其后为双叶型。背刚毛为等齿刺状，在体中部或体后部为等齿镰刀形刚毛。腹刚毛为等齿、异齿刺状刚毛和异齿镰刀形刚毛。多生活于海水中，常栖息于潮间带中下区牡蛎及石莼海藻丛中。

2.旗须沙蚕 *Nereis vexillosa* Grube，1851

　　俗称黑沙蚕、小黑蛆。体青黑色，体长50～150cm。口前叶长大于宽，眼位于口前叶后半部。最长触须后伸可达第三或第四刚节。吻除第Ⅴ区无齿外，均为圆锥形齿。Ⅰ区1～2个；Ⅱ区14～18个，为2～3个斜排；Ⅲ区32～35个，呈3～4个不规则横排；Ⅳ区37～45个，为2～4个斜排；Ⅵ区4～6个，呈1个圆堆；Ⅶ、Ⅷ区1排大齿和2～3排小齿。体前部疣足舌叶和腹刚叶截面圆钝，背须比舌叶长。体中后部上背舌叶延长呈长方形，背须位于其末端。体前部疣足背刚毛均为等齿刺状，体后部背刚毛则为等齿镰刀形。常栖息于污染较重的潮间带海区和池塘中，摄食腐烂的大型海藻。

3. 双齿围沙蚕 *Perinereis aibuhitensis* Grube，1878

2 mm

隶属沙蚕科Nereididae，围沙蚕属*Perinereis*。俗称沙蛆、沙蚕、青虫等。体长20～30 cm，约230刚节。体背部呈绿色，中央有1条背血管，腹面红白相间，正中央有1条腹血管。口前叶前窄后宽，似梨形，触手稍短于触角。最长触须后伸可达第六至八刚节。吻除第Ⅵ区具2～3个扁齿排成1个横排外，其余皆为圆锥形齿。Ⅰ区2～6个；Ⅱ区12～18个，为2～3个弯曲排列；Ⅲ区30～45个，呈椭球形；Ⅳ区18～25个，为3～4个斜排；Ⅴ区2～4个；Ⅶ、Ⅷ区35～45个，排成2排。大颚具6～7个侧齿。体后部疣足上下背舌叶尖细，须长于背须。所有背刚毛均为等齿刺状，腹刚毛为等齿、异齿刺状或镰刀形。该种沙蚕为中国主要经济沙蚕。栖息于潮间带滩涂和池塘沉积物中，可养殖。

4. 环唇沙蚕 *Cheilonereis cyclurus* Harrington，1897

1 cm

隶属沙蚕科Nereididae，唇沙蚕属*Cheilonereis*。体长100～210 mm，宽9～19 mm。刚节多于100个。围口节领状，在口前叶后部，长为其他体节的2倍。背面光滑，腹面具纵皱纹。最长触须后伸达第四刚节。吻除第Ⅴ区无齿外，均为圆锥形齿。Ⅰ区3个，排成1个纵排；Ⅰ区1～2个，Ⅱ区12～30个，为3个斜排；Ⅲ区15～20个，呈2～3个横排；Ⅳ区15～24个，为弓形堆；Ⅵ区14～18个，呈1个圆堆；Ⅶ、Ⅷ区具3个横排，近颚环的1排齿大。体中后部疣足背舌叶呈叶片状，具凹陷，背须位于此凹陷中。具等齿刺状背刚毛，腹足刺上方具异齿刺状和异齿镰刀形刚毛。足刺黑色。体前部的体节后半部具褐色横带。疣足上具黑色斑。图片样品采自辽宁大连星海公园。

5. 利氏才女虫 *Polydora ligni* Webster，1879

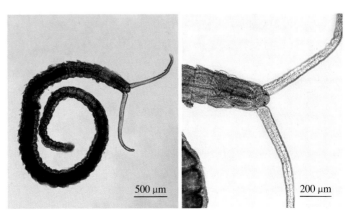

500 μm

200 μm

隶属多毛纲Polychaeta，隐居目Sedentaria，海稚虫科Spionidae，才女虫属*Polydora*。头部有1对长触角，第五刚节变形，足刺刚毛钝圆锥状，具1小的侧齿，伴随刚毛羽状分叉。口前叶后部具1小指状头触须。鳃开始于第七刚节。从第一刚节开始有小的三角形突起。腹巾钩刚毛为双齿，主齿与柄部呈直角。肛节为漏斗式盘状扩张。是河蟹土池育苗的主要敌害生物。

6.岩虫*Marphysa sanguinea* Montagu，1813

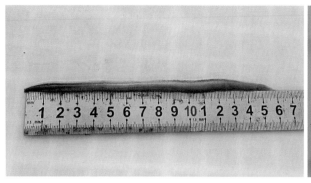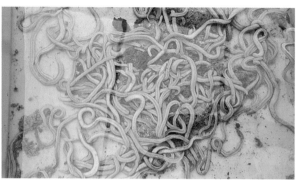

　　隶属多毛纲Polychaeta，矶沙蚕科Eunicidae，岩虫属*Marphysa*。体很长，宽8～10 mm，体节200～340个。体前端略呈圆形，向后渐次变扁。头节较大，口前叶前缘凹入，背面有5个触手，呈弧状排列。眼1对，很小，位于外侧。围口节2节，分界不太明显，前节长于后节2倍以上。口内有复杂的颚片，上颚由大小不同的5对颚片所组成，其中最长的1对弯曲如钩，无锯齿，其余4对均有锯齿。下颚由1对细长的颚片所组成。疣足有退化现象，形状很像1个疣状突起。背须和腹须均不大，从第30节开始即出现2分支的鳃，之后3分支、4分支，约自第80节起有5分支的鳃，但最后20个体节不具鳃。刚毛有长刚毛、复刚毛、栉状刚毛3种。长刚毛和复刚毛分布于所有的疣足上，而栉状刚毛仅分布在身体中段的疣足上。有2对肛须，其中1对较长。生活时呈赤褐色，前端为紫褐色，鳃为鲜红色。

7.内刺盘管虫*Hydroides ezoensis* Okuda，1934

1 cm　　　　1 cm

　　隶属多毛纲Polychaeta，龙介虫科Serpulidae，盘管虫属*Hydroides*。俗称石灰虫。体长30～40 mm，口前叶具1对半环状的羽状鳃冠，鳃丝18～20对。壳盖2层，几丁质，漏斗状，黄色。下层漏斗状缘具45～50个锯齿，上层壳冠有24～30个刺瓣，大小、形状相同，每个刺瓣内有3～6个小内刺。胸部刚节7个，领刚毛细毛状和枪刺状，胸部背刚毛单翅毛状，腹部腹刚毛喇叭状，约有20个小齿，胸腹部齿片相似，有6～7个齿。外具白色壳管，较厚，互相不规则地盘绕。广布于北半球沿海，附着他物生存，为污损生物，严重危害水产养殖业。

五、螠虫动物门Echiura

单环刺螠*Urechis unicinctus* von Drasche，1880

隶属螠虫动物门Echiura，螠科Echiuridae，刺螠属*Urechis*。俗称海肠。体呈长圆筒形，体长10～25 cm。体前端略细，后端钝圆，表面有很多疣状突起。体呈紫红色，前端吻短，匙状。腹刚毛1对，黄色。肛门周围有11根刚毛，呈单环排列，无血管。主要分布于黄渤海，有重要的经济价值。

六、星虫动物门Sipunculida

裸体方格星虫*Sipunculus nudus* Linnaeus，1766

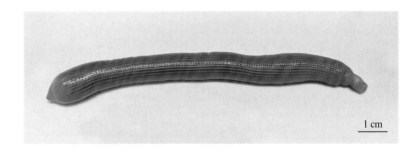

隶属星虫动物门Sipunculida，星虫科Sipunculidae，星虫属*Sipunculus*。俗称沙虫、泥蒜。体呈圆筒形，躯干长10～30 cm，体宽1～1.5 cm。体壁厚不透明，橘黄色或棕黄色。前端具吻，吻长2～3 cm，能自由伸缩，表面无环纹，具有许多乳头状突起，前方疏而大，后方密而小，呈覆瓦状排列。吻前为口，周围具1圈皱褶状触手，伸展时呈星状。躯干部表面光滑，具纵横沟纹，构成规则的方格，计28～33行。近前方背面有1个明显突起，即为肛门。消化道细长，约为体长的2倍，扭曲呈螺旋形。为暖水种，世界广布种，中国主要分布于南方海域。

七、软体动物门Mollusca

（一）多板纲Polyplacophora

红条毛肤石鳖*Acanthochitona rubrolineatus* Lischke，1873

隶属毛肤石鳖科Acanthochitonidae，毛肤石鳖属*Acanthochitona*。体呈长椭球形，体长约28 mm，体宽约17 mm。壳板狭窄，在暗绿色壳板上有3条红色纵排的斑纹。头板半圆形，宽大于长，上有粒状突起，嵌入片上有5个齿裂。中间板峰部具细纵肋，肋部和翼部无明显界限，其上有粒状突起。尾板小。环带宽大，深绿色，布满密集的棒状棘刺，环带上还有由长棘组成的18束长毛。外套沟中有21～24对本鳃。分布广泛，栖息于潮间带中下区的岩礁上。

（二）腹足纲Gastropoda

1.嫁蝛*Cellana toreuma* Reeve，1854

隶属原始腹足目 Archaeogastropoda，花帽贝科Nacellidae，蝛属*Cellana*。贝壳卵圆形，呈低平的笠状。壳薄，壳长约49 mm，壳高约10.8 mm，壳宽约38.9 mm。壳顶近前方向前略弯曲。有放射肋，边缘有细齿状缺刻。壳色变化大，暗灰或灰绿色，间有紫斑。壳内银灰色，有很强的珍珠光泽，中间有褐色肌痕。分布广泛，栖息在潮间带岩石上。

2.白笠贝*Acmaea pallid* Gould，1859

隶属笠贝科Lottiidae，笠贝属*Acmaea*。贝壳呈笠状或低圆锥形，壳质较厚，壳长约32.5 mm，壳高约14.3 mm，壳宽约26.7 mm。壳顶位于中央偏前方，壳表具有明显放射肋约20条左右，并具有数条细的间肋，生长纹略细。贝壳白色，壳周缘有1圈白色镶边，边缘有齿状缺刻。图片样品采自辽宁大连黑石礁。

3. 背小笠贝 *Lottia dorsuosa* Gould，1859

贝壳小，呈帽状，壳质稍薄。壳长约
11.5 mm，壳高约8.5 mm，壳宽约8.2 mm。壳
周缘呈椭圆形，壳顶高，位于贝壳的前方约1/3
处，小而尖，略向前下方倾斜。壳表具有细的
放射肋，肋间距宽窄不均匀，壳顶前坡直，后
坡略隆起。壳面粗糙，呈灰白色，有白褐相间
的放射带或不规则的褐色条斑。壳口卵圆形，
内为浅蓝色或黄白色，边缘有1圈褐色或白色镶
边，肌痕多呈青灰色或黄褐色。生活在潮间带
的岩石上。

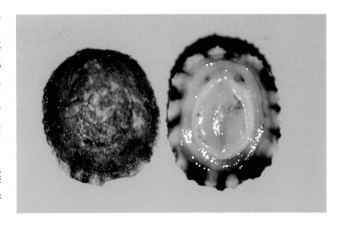

4. 史氏背尖贝 *Nipponacmea schrenckii* Lischke，1868

　　隶属笠贝科Lottiidae，背尖贝属*Nipponacmea*。壳长40～45 mm，呈笠状，低平。壳质坚实。壳
顶位于前方，尖端略向前弯曲低于后壳面。壳表颜色变化大，随生长环境而异，多呈淡黄色，夹杂紫
褐色斑带。壳顶或壳缘有许多细密的放射肋，与生长环纹形成细小的念珠状颗粒，壳内面呈灰蓝色，
边缘有细齿状缺刻。

5. 矮拟帽贝 *Patelloida pygmaea* Dunker，1860

　　隶属笠贝科Lottiidae，拟帽贝属*Patelloida*。贝壳小，较高，呈帽
状。壳质坚实而厚。壳长约10. mm，壳高约49 mm，壳宽约8.5 mm。壳
周缘呈椭圆形，壳顶钝而高起，位于贝壳的近中央部稍靠前方，且常被
腐蚀。壳表具有细的放射肋。壳顶前坡直，后坡则略隆起。壳面呈灰白
色或青灰色，有白、褐相间的放射带，放射带之间常有黄褐色斑点，壳
口卵圆形，内为浅蓝色或灰白色，边缘有1圈褐色或白色相间的镶边，
肌痕黑褐色或青灰色。附着在潮间带上区的岩石上，数量较多。为中国
北方沿海常见种。

1 mm

143

6. 花边拟帽贝 *Patelloida heroldi* Dunker，1861

贝壳呈笠状，低平。壳长约15 mm，壳高约7 mm，壳宽约12 mm。壳质坚实。壳顶钝，位于前方，壳前面坡度小，后面坡度大。壳表有细的放射肋纹和粗糙的环纹。壳表灰褐色，具有白色与黑褐色相间的放射带。壳内面呈青蓝色或灰褐色，中央肌痕明显，内缘有1圈褐色环带，边缘有黑褐相间的花边。图片样品采自辽宁大连黑石礁。

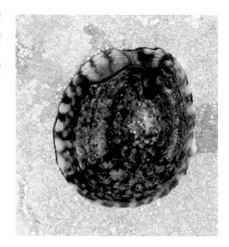

7. 圆锥拟帽贝 *Patelloida conulus* Dunker，1861

贝壳呈帽状，壳质稍薄。壳长约22 mm，壳宽约15 mm，壳高约10 mm。壳周缘呈椭圆形，壳顶钝而突起，位于贝壳的近中央部靠前方，常被腐蚀。壳表具有细密稍不均匀的放射肋，环行生长纹细。壳面呈青褐色或灰褐色，有白色的放射带和白、褐色杂织的斑纹，在放射带之间有灰褐色的斑点，内为灰白色，边缘有1圈褐色镶边和稀疏的白色斑块，肌痕青灰色。附着在岩石或鲍壳上。

8. 皱纹盘鲍 *Haliotis discus* Hannai Ino，1953

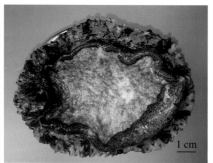

隶属原始腹足目 Archaeogastropoda，鲍科 Haliotidae，鲍属 *Haliotis*。壳顶钝，微突，但低于贝壳的最高部分。从第二螺层的中部开始至体螺层的边缘，有一排以20个左右凸起和小孔组成的旋转螺肋，其末端的4～5个特别大，有开口，呈管状。壳面被这排突起和小孔分为右部宽大、左部狭长的两部分。壳口卵圆形，与体螺层大小相等。外唇薄，内唇厚，边缘呈刃状。足部特别发达、肥厚，分为上、下足。腹面大而平，适宜附着和爬行。壳表面深绿色，生长纹明显。壳内面银白色，有绿色、紫色、珍珠等彩色光泽。分布于中国北部沿海，山东、辽宁产量较多。

9.锈凹螺 *Chlorostoma rustica* Gmelin，1791

5 mm　5 mm

　　隶属原始腹足目Archaeogastropoda，马蹄螺科Trochidae，锈凹螺属*Chlorostoma*。俗称偏腔玻螺或马蹄螺。贝壳呈圆锥形，壳质坚厚。宽略大于壳高。一般壳高15～25 mm，螺层6～7层，自上而下迅速增大，壳顶稍尖。螺旋部高于体螺层，体螺层不膨胀、低平。壳表各层有显著斜行肋线。壳表面褐色，极不光滑，满布细密的螺肋和粗大的向右倾斜的纵肋，有铁锈斑纹，壳内面灰白色，具珍珠光泽。壳底部扁平。壳口向外斜，呈马蹄状。外唇边缘薄而完整，有1条深棕色和黄色相间的边缘。内唇基部向壳口伸出1～2个白色齿。脐大而深，圆形。厣角质，圆形，棕红色，有1条银色边缘。系广温性底栖贝类。

10.短滨螺 *Littorina brevicula* Philippi，1844

　　隶属中腹足目Mesogastropoda，滨螺科Littorinidae，滨螺属*Littorina*。俗名香波螺。小型，贝壳略呈球形。壳长约13 mm，壳宽约11 mm，壳高约14 mm，长与高相近。螺层约6层。黄褐色，有褐色、白色和黄色云状斑及斑点。壳质坚硬，缝合线浅。壳顶小而尖。螺层每层逐渐加宽，螺旋部低，体螺层膨大，螺层中部向外延伸形成近似肩部的结构。生长线细密，壳表面有粗细不一的螺肋，在体螺层更明显，第3、4条最显著。壳口圆，无前沟，有1条带缺刻的后沟，内有褐色光泽。外唇也有白灰相间的镶边，内唇厚，基部向前方扩张，略呈凹面。厣角质，无脐，核不位于中央。

11.棒锥螺 *Turritella bacillum* Kiener，1843

　　隶属锥螺科Turritellidae，棒锥螺属*Turritella*。贝壳尖锥形，壳高约130 mm，螺层约23层。壳面呈黄褐色或灰紫褐色。有细螺肋，肋上有细螺纹。壳口近圆形，内唇稍隆起。生活于低潮线至水深40 m的沙泥质海底。

12.扁玉螺 *Glossaulax didyma* Röding，1798

隶属异足目玉螺科Neverita，扁玉螺属 *Glossaulax*。俗称肚脐波螺。扁玉螺的贝壳呈球形或陀螺形，螺旋部短，体螺层膨大，壳面平滑或有纤细的旋形刻纹。螺层5层。壳表淡黄褐色。壳口大，卵圆形。壳高3～4 cm，壳宽7～10 cm。脐底结节通常为褐色。在其中部有1条沟痕。其肉大多可食用，但因其自身是肉食性动物，为海涂养殖贝类的敌害之一。

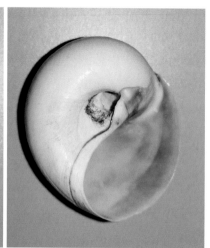

13.广大扁玉螺 *Glossaulax reiniana* Dunker，1877

贝壳略呈球形，壳长约4.0 cm，壳宽约3.95 cm，螺旋部比扁玉螺高，长宽相近。螺层6层，缝合线清晰，螺旋部短，体螺层膨大，壳面平滑。壳面淡黄色或淡褐色。壳口大，外唇完整，边缘薄。内唇上部滑层厚，至脐孔处形成1个发达的脐底结节，通常为白色。在其1/3处有1条沟痕。脐孔大而深。有角质厣，黄褐色，核位于基部内侧。肉可食用。

14.微黄镰玉螺 *Lunatia gilva* Philippi，1851

隶属玉螺科Naticidae，镰玉螺属*Lunatia*。贝壳近卵圆形，壳长约40 mm。壳面膨凸，螺旋部呈圆锥形，壳面光滑呈黄褐色或灰黄色，螺旋部多呈青灰色。壳口卵圆形，内面灰紫色。脐孔大而深。厣角质，栗色。肉可食用，在浙江沿海有"香螺"之称。生活在潮间带软泥、沙泥质的海底。分布广泛，在中国从渤海、黄海沿向到广东的北部海域均有分布。

1 cm

15.纵肋织纹螺*Nassarius variciferus* A. Adams,1852

隶属新腹足目Neogastropoda，织纹螺科Nassariidae，织纹螺属*Nassarius*。贝壳小型、短尖锥形。螺塔圆锥形。壳长15～21 mm，壳宽7.5～10.3 mm。螺层约9层。缝合线深。螺旋部高。壳表平滑、有光泽，具有螺肋。壳口圆形，轴唇滑层发达，前水管沟短而宽，外唇的上颚具有小齿，口盖角质。螺表面具有显著的纵肋和细密的螺纹，两者相互交织成布纹状。纵肋的上端较粗大。在每一螺层上通常生有1～2条粗大的纵肿脉。壳表淡黄色，混有褐色云斑。外唇边缘有厚的镶边，内缘通常有6个齿状突起，内唇薄。前沟短而深，后沟为一小的缺刻。

1 cm

16.脉红螺*Rapana venosa* Valenciennes，1846

隶属新腹足目Neogastropoda，骨螺科Muricidae，红螺属*Rapana*。贝壳略近梨形，壳高100～140 mm，螺旋部小、体螺层膨大。壳面密生低而均匀的螺肋，向外突出形成肩骨。壳面黄褐色，有棕色点线花纹，壳口橘红色。螺层约6层，缝合线较浅。厣角质，核位于外侧。

3 cm

17.香螺*Neptunea cumingii* Crosse，1862

隶属新腹足目Neogastropoda，蛾螺科Buccinidae，香螺属*Neptunea*。贝壳较大，近菱形，壳质结实。壳高约134 mm，壳宽约77 mm。螺层7层，缝合线明显，螺旋部的螺层中部和体螺层的上部扩张形成肩角，肩角上具结节或翘起的鳞片状突起，壳面具有许多细而低平的螺肋和螺纹。壳面通常呈黄褐色或有变化，常有褐色壳皮。北方常见种。

18. 皮氏蛾螺 *Volutharpa perryi* Jay，1857

隶属新腹足目 Neogastropoda，蛾螺科 Buccinidae，蛾螺属 *Volutharpa*。壳呈卵圆形，壳质薄易碎。壳高约67 mm，壳宽约38 mm。螺层6层，缝合线细，稍深。螺旋部低小，体螺层膨大而圆。壳面具有纵横交叉的细线纹，线纹在次体螺层以下不明显。被有黄褐色生有绒毛的壳皮，易脱落。壳口大，内灰白色，外唇薄，弧形，内唇扩张紧贴体螺层上。厣角质。足厚。俗称假鲍。分布于黄海北部。

19. 朝鲜蛾螺 *Buccinum koreana* Choe，Yoon & Habe，1992

原称水泡蛾螺，俗称香菠螺。壳中等大小，壳高40～50 mm。壳质坚硬。螺层8层，各螺层肩部和体螺层上有环肋，其上有结节。壳表黄色、黄褐色或暗黑色。壳口梨形，内呈黄褐色。厣薄，卵圆形。分布于黄海北部，喜冷。

20. 方斑东风螺 *Babylonia areolata* Link，1807

隶属蛾螺科 Buccinidae，东风螺属 *Babylonia*。俗称花螺，壳上具有长方形的黑斑。在中国主要分布在处于热带、亚热带的福建、广东、广西和海南等地沿海。

21.泥螺 *Bullacta exarate* Philippi，1849

5 mm

　　隶属后鳃亚纲Opisthobranchia，头楯目Cephalaspidae，阿地螺科Atyidae，泥螺属*Bullacta*。体呈长方形，头盘大而肥厚，外套膜不发达。侧足发达，遮盖贝壳两侧之一部分。贝壳呈卵圆形，幼体的贝壳薄而脆，成体较坚硬、白色，表面似雕刻有螺旋状环纹，内面光滑，有黄褐色外皮。无螺塔和脐、无厣。泥螺壳薄而脆，成贝体长40 mm左右，宽12～15 mm，在中国南北沿海均有分布。泥螺是潮间带底栖动物，生活在中低潮区泥沙质或泥质的滩涂上。

22.日本菊花螺 *Siphonaria japonica* Donovan，1824

　　隶属肺螺亚纲Pulmonata，基眼目Basommatophora，菊花螺科Siphonariidae，菊花螺属*Siphonaria*。壳长1.5～2.0 cm，呈笠状，壳薄易碎。壳顶位中央略靠后。壳表较粗糙，自壳顶向四周有许多带壳纹的放射肋，外有1层黄色壳皮，在壳顶周围呈黑褐色，边缘参差不齐。壳内周缘呈淡紫色，肌痕呈黑褐色，具有与壳表放射肋对应的放射沟。右侧水管凹沟发达。多生活于潮间带岩石上。

（三）双壳纲 Bivalvia

1. 魁蚶 *Anadara broughtonii* Schrenck，1867

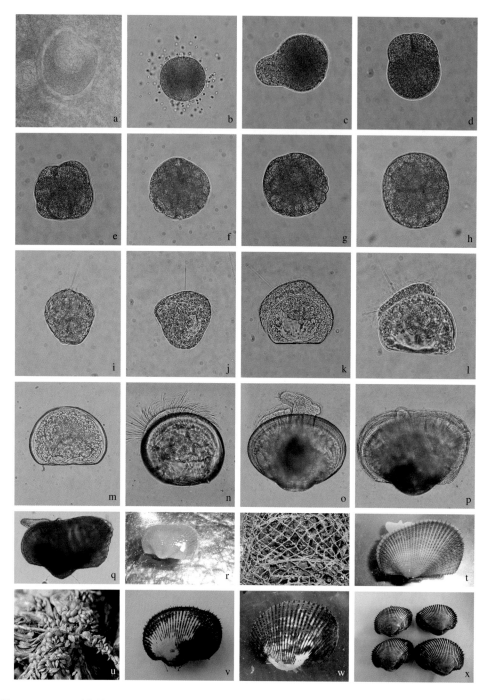

隶属蚶目 Arcoida，蚶科 Arcidae，毛蚶属 *Anadara*。壳长约86 mm，高约69 mm，宽约60 mm。壳质坚硬且厚，斜卵圆形，极膨胀。左右两壳近相等。背缘直，两侧呈钝角，前端及腹面边缘圆，后端延伸。壳面有放射肋42～48条，以43条者居多。放射肋较扁平，无明显结节或突起。同心生长轮脉在腹缘略呈鳞片状。壳面白色，被棕色绒毛状壳皮，有的肋沟呈黑褐色。壳内面灰白色，其壳缘有毛、边缘具齿。铰合部直，铰合齿约70枚。

2.毛蚶 *Anadara kagoshimensis* Tokunaga，1906

1 cm　1 cm

　　亦称 *Scapharca subcrenata* (Lischke)。成体壳长40～50 mm，壳面膨胀呈卵圆形，两壳不等，壳顶突出而内卷，且偏于前方；壳面放射肋30～44条，肋上显出方形小结节。铰合部平直，有铰合齿约50枚。壳面白色，被有褐色绒毛状表皮。分布于日本、朝鲜、中国沿岸。在中国，北起鸭绿江，南至广西壮族自治区都有分布。

3.紫贻贝 *Mytilus edulis* Linnaeus，1758

1 cm

　　隶属贻贝目Mytiloida，贻贝科Mytilidae，贻贝属 *Mytilus*。壳呈楔形，前端尖细，后端宽广而圆。一般壳长60～80 mm，壳长小于壳高的2倍。壳薄。壳顶近壳的最前端。两壳相等，左右对称。壳面紫黑色，具有光泽，生长纹细密而明显，自顶部起呈环形生长。壳内面灰白色，边缘部为蓝色，有珍珠光泽。铰合部较长，韧带深褐色，约与铰合部等长。铰合齿不发达。后闭壳肌退化或消失。足很小，细软。世界性广布种，为养殖种类。

4.厚壳贻贝 *Mytilus coruscus* Gould，1861

　　贝壳大，壳质厚重，呈楔形。壳长约140 mm，壳高约68 mm，壳宽约50 mm。壳顶尖细，位于贝壳的最前端，壳背缘瘦，背角明显，腹缘略直，后缘圆。壳表具黑褐色壳皮，生长纹细弱，无放射线刻纹。壳内面灰黄色，壳皮延伸于内缘。铰合部窄，铰合齿不发达，左壳有2枚小齿，右壳1枚。足丝发达，通过两壳腹面足丝孔伸出壳外。具有养殖潜力。

5.凸壳肌蛤*Arcuatula senhousia* Benson，1842

　　隶属贻贝目Mytiloida，贻贝科Mytilidae，肌蛤属*Aycuatula*。壳较小，壳长约24 mm，壳高约11 mm，壳宽约8 mm。壳质薄脆，壳形略延长。壳顶突出，位于壳近前端，壳前部小，后部宽大，后背缘的后背角不明显，腹缘中部稍内陷。壳表的前后区具有放射纹，中区光滑、无放射纹。壳呈草绿色或绿褐色，具有红褐色或褐色波状花纹。壳内面花纹与壳表的相同。铰合部窄，沿铰合部有1列细小齿状缺刻。足丝孔位于前腹缘，足丝柔软。栖息于潮间带泥滩和潮下带浅水区。

6.栉江珧*Atrina pectinata* Linnaeus，1767

　　隶属贻贝目Mytiloida，江瑶科Pinnidae，江瑶属*Atrina*。壳黑褐色，呈三角形，壳长约33.5 cm。两壳闭合时后端有开口，壳后缘宽大，背缘全长为铰合部。壳表具有数条细的放射肋，肋上有很多三角形小棘刺。老的个体放射肋不明显。壳内前半部珍珠层较厚，壳后缘无珍珠层。为重要的经济贝类。闭壳肌发达，其干制品为"江瑶柱"。分布广泛，栖息于浅海。

7.栉孔扇贝*Chlamys farreri* Jones & Preston，1904

1 cm

　　隶属双壳纲Bivalvia，珍珠贝目Pterioida，扇贝科Pectinidae，栉孔扇贝属*Chlamys*。贝壳较大，呈扇形，一般壳长74 ～ 90 mm，两壳大小及两侧均略对称，右壳较平，其上有多条粗细不等的放射肋，其上有棘。两壳前后耳大小不等，前大后小，壳表多呈浅灰白色。两壳放射肋不等，左壳约10条，右壳约20条。铰合线直，内韧带发达。为中国北方常见种。

8. 虾夷扇贝 *Patinopecten yessoensis* Jay，1857

　　隶属珍珠贝目Pterioida，扇贝科Pectinidae，扇贝属*Patinopecten*。滤食性双壳贝类，贝壳扇形，右壳较突出，黄白色，左壳稍平，较右壳稍小，呈紫褐色。壳表有15～20条放射肋，两侧壳耳有浅的足丝孔。右壳肋宽而低矮，肋间狭；左壳肋较细，肋间较宽。壳顶下方有三角形的内韧带。自然分布于水深6～60 m，底质为沙砾。虾夷扇贝为冷水性贝类，生长适温范围5～23℃。主要原产于千岛群岛的南部水域，北海道及本州岛北部。

3 cm

9. 海湾扇贝 *Argopecten irradians* Lamarck，1819

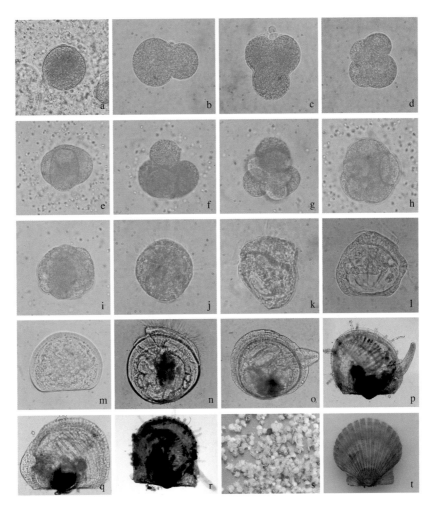

　　又称大西洋内湾扇贝。贝壳中等大小，近圆形。壳表黄褐色，放射肋约20条，肋较宽而高起，肋上无棘。生长纹较明显。无足丝。壳顶位于背侧中央，前壳耳大，后壳耳小。原产于美国东海岸。1982年由张福绥院士引进中国，并开展人工养殖。多生活于沙泥质海底。

10.长肋日月贝 *Amusium pleuronectes* Linnaeus，1758

隶属珍珠贝目 Pterioida，扇贝科 Pectinidae，日月贝属 *Amusium*。壳呈圆盘形，背缘直，腹缘圆形，两耳三角形。壳面平滑有光泽，左壳玫瑰红色，具深褐色放射线，两线之间有小白点，右壳白色。壳内面白色，具成对排列的细放射肋。栖息于潮下带的沙泥质底，中国台湾、广东常见。

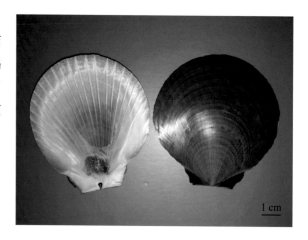

11.密鳞牡蛎 *Ostrea denselamellosa* Lischke，1869

隶属双壳类 Bivalvia，翼形亚纲 Pterimorphia，牡蛎科 Ostreidae，牡蛎属 *Ostrea*。贝壳大型，圆形、卵圆形，有的略似三角形或四方形。左壳下凹根深，右壳较平坦，两壳几乎同样大小。右壳壳顶部鳞片愈合，较光滑，其他鳞片密薄而脆，呈舌状，紧密地以覆瓦状排列。右壳放射肋不明显，壳表面肉色、灰色或混以紫色、褐青色，壳内面黄色杂以灰色。左壳表面环生坚厚的同心鳞片，表面紫红色、褐黄色或灰青色。铰合部窄。

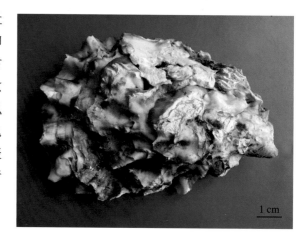

12.近江牡蛎 *Crassostrea rivularis* Gould，1861

呈圆形、卵圆形或三角形等。右壳外面稍不平，有灰、紫、棕、黄等色，环生同心鳞片，幼体鳞片薄而脆，多年生长后鳞片层层相叠，内面白色，边缘有时淡紫色。

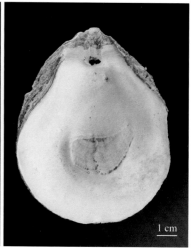

13.太平洋牡蛎 *Crassostrea gigas* Thunberg，1793

即长牡蛎。隶属软体动物门 Mollusca，双壳类 Bivalvia，翼形亚纲Pterimorphia，牡蛎科Ostreidae，巨牡蛎属*Crassostrea*。右壳较小而扁平，壳面具有水波状的鳞片，排列稀疏。壳形变化大，呈长圆形或长三角形，左壳凹陷较深，鳞片排列紧密，利用壳顶附着在岩礁石块等坚硬的物体上，壳内面白色，内有宽大的韧带槽。闭壳肌痕大，外套膜边缘呈黑色。分布广泛。

14.加州扁鸟蛤 *Clinocardium californiense* Deshayes，1839

隶属帘蛤目Veneroida，鸟蛤科Cardiidae，扁鸟蛤属*Clinocardium*。壳长约43.3 mm，壳宽约24.1 mm，壳高约39 mm。足部肌肉发达，能时常用足从海底飞跃跳起运动，故名鸟蛤，俗称鸟贝。贝壳大，坚厚，两壳侧扁。壳表暗褐色，放射肋

38条，肋低平、强壮，肋间沟狭窄。有很明显的呈年轮状的生长线。壳表平滑，或有明显的放射肋鳞片。筒状韧带发育良好。铰齿盘有2个小主齿，1个坚固的前侧齿，和1个后侧齿。双闭壳肌。水管极短。为深水埋栖的双壳贝类，分布于黄海北部、中部和台湾沿海。

15.四角蛤蜊 *Mactra veneriformis* Reeve，1854

隶属帘蛤目Veneroida，蛤蜊科Mactridae，蛤蜊属*Mactra*。亦称方形马珂蛤、白蚬子。贝壳坚厚略呈四角形，两壳极膨胀。壳顶突出，位于背缘中央略靠前方，尖端向前弯。贝壳具外皮，顶部白色，幼小个体呈淡紫色，近腹缘为黄褐色。生长线明显粗大，形成凹凸不平的同心环纹，贝壳内面白色，铰合部宽大，左壳具1个分叉的主齿，右壳具有2个排列成"八"字形的主齿。两壳前、后侧齿发达，均呈片状，左壳单片，右壳双片。外韧带小，淡黄色；内韧带大，黄褐色。闭壳肌痕明显，前闭壳肌痕稍小，呈卵圆形，后闭壳肌痕稍大，近圆形，外套痕清楚，接近腹缘。

16.西施舌 *Coelomactra antiquata* Spengler，1802

　　隶属帘蛤目Veneroida，蛤蜊科Mactridae，西施舌属*Coelomactra*。贝壳大型，质薄，略呈三角形，壳长约87 mm，壳高约70 mm，壳宽约43.5 mm，高度约为长的4/5，宽度约为长度的1/2，壳顶位于贝壳的贝缘中部稍靠前方，高出贝缘，其前方略凹，后方较为凸出，腹面边缘圆，小月面近于椭圆形，贝壳表面平滑，有黄褐色或黄白色发亮的外皮，生长纹细密而明显。壳顶淡紫色，腹面黄褐色。多栖息于潮间带20 m深的沙泥质海底。在中国广泛分布于南北各海区，为海珍品之一。

17.菲律宾蛤仔 *Ruditapes philippinarum* Adams & Reeve，1850

　　隶属帘蛤目Veneroida，帘蛤科Veneridae，蛤仔属*Ruditapes*。菲律宾蛤仔通常又称杂色蛤，俗称花蛤、蚬子或蛤蜊。一般壳长2.5 ~ 3.5 cm。表面颜色多变，与栖息底质有关。一般为深褐色或灰黄色，杂有彩色斑纹。生长纹和放射肋均细密。贝壳呈卵圆形。壳质坚厚，膨胀。壳顶稍突出，稍向前方弯曲。小月面宽，椭圆形或略呈梭形，盾面梭形。韧带长，突出。贝壳前端边缘椭圆形，后端边缘略呈截形。

18.菲律宾蛤仔 *Ruditapes philippinarum* 新品种

白斑马蛤"white zebra clam"（GS-01-009-2016）（图a，b）壳面有白底斑马形花纹，左壳背缘有1条纵向黑色条带。在相同养殖条件下，与未经选育的菲律宾蛤仔相比，2龄贝的壳长平均提高 16.5%。斑马蛤"zebra clam"（GS-01-005-2014）（图c，d）壳面呈斑马状花纹，花纹间距相对均匀。对低温低盐耐受力较强，养成存活率提高了10%以上。八方来财蛤"bafanglaicai clam"（图e，f）特点是壳面有红色"八"字形纵色带。以上新品种和新品系均由大连海洋大学闫喜武教授科研团队选育而成，适宜在中国沿海养殖。

19.缢蛏 *Sinonovacula constricta* Lamarck，1818

隶属帘蛤目Veneroida，竹蛏科Solenidae，蛏属*Sinonovacula*。俗称小人仙，是常见海产经济贝类。贝壳脆而薄，呈长扁方形，自壳顶到腹缘，有1道斜行的凹沟，故名缢蛏。

20. 大竹蛏 *Solen grandis* Dunker，1862

隶属帘蛤目 Veneroida，竹蛏科 Solenidae，竹蛏属
Solen。壳长100～120 mm，壳高约23.3 mm，壳宽约
14.5 mm。一般壳长为壳高的4～5倍。亮口缘与腹缘平
行，只在腹缘中部稍向内凹。壳顶位于壳的最前端，壳
前缘截形，后端圆。两壳合抱呈竹筒状，前后两端开
口。壳质薄脆。壳表光滑，壳皮黄褐色，有时有淡红
色彩带。生长线明显，沿后缘及腹缘方向排列。壳内
面白色或稍带紫色，可见淡红色彩带。铰合部窄，两
壳各具主齿1枚。足部肌肉特别发达，前端尖，左右
扁，水管短而粗。体末端具触手，表面有黑白相同的
花纹，外套肌底部有1条黑色的色素带。足细长，呈柱状。

21. 长竹蛏 *Solen strictus* Gould，1861

长竹蛏与大竹蛏相似，其主要区别是贝壳极延
长，壳长为壳高的6～7倍，壳薄，两壳相等。壳长约
98.6 mm，壳宽约10.6 mm，壳高约14.5 mm。

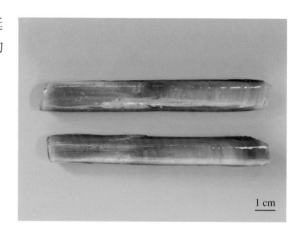

1 cm

22. 青蛤 *Cyclina sinensis* Gmelin，1791

隶属帘蛤目 Veneroida，
帘蛤科 Veneridae，青蛤属
Cyclina。又称环文蛤，俗
称牛眼蛤。贝壳略呈圆
形，长30～50 mm，高
30～50 mm，厚约0.5 mm。
壳外表黄白或青白色。壳
顶歪向一方，并有以壳顶
为中心的同心层纹，排列

紧密，沿此纹或有数条灰蓝色轮纹，腹缘带细齿状，壳内面乳白色或青白色，光滑无纹，内壳边缘带有
紫色并有细小的锯齿排列，铰齿发达而坚硬。外壳外缘有紫色，如同紫色环，因而得名赤嘴蛤或铁蛤。
体轻，质坚硬略脆，断面层纹不明显。气稍腥，味淡。

23.短文蛤 *Meretrix petechialis* Lamarck，1818

隶属帘蛤目 Veneroida，帘蛤科 Veneridae，文蛤属 *Meretrix*。贝壳呈三角形，壳长约6 cm。两壳相等。壳顶两侧圆，稍不等。壳色变化较大，呈黄褐色或白色等。常具有不规则的W或V形褐色花纹或环形褐带。壳内白色，闭壳肌痕明显，外套窦浅。为重要经济贝类，北方沿海常见。

24.文蛤 *Meretrix meretrix* Linnaeus，1758

贝壳大型，三角形，腹缘呈圆形，壳质坚厚，两壳大小相等，两侧不等。壳面光滑，多呈黄褐色，花纹有变化，常在壳顶附近有锯齿状花纹，同心生长纹细密，排列不整齐。外韧带短而凸，外套窦浅。壳内白色，壳长9～12cm，文蛤是埋栖型贝类，多分布在较平坦的河口附近沿岸内湾的潮间带，以及浅海区域的细沙、泥沙滩中，靠斧足的钻掘作用而有潜沙习性。

25.紫石房蛤 *Saxidomus purpurata* Sowerby，1852

隶属帘蛤目 Veneroida，帘蛤科 Veneridae，石房蛤属 *Saxidomus*。俗称天鹅蛋。贝壳大而厚重，呈长卵圆形，壳长可达10 cm以上。壳面黄褐色或铁锈色。壳面粗糙，同心生长轮常凸出壳面，排列紧密而不规则。小月面不清楚，外韧带强大，壳内面常呈黑紫色。为温带冷水种，分布于山东半岛以北的浅海海区。

26.日本镜蛤 *Dosinorbis japonica* Reeve，1850

又称日本镜文蛤，贝壳中型，韧带外在，位于后方。壳长稍大于壳高，壳顶小，位于壳背缘靠前方，自壳顶至贝壳前端的距离约占壳长的2/5。主齿加上前侧齿有3个。双闭壳肌。生长线呈弯三角形、圆形或缺乏。贝壳坚厚，稍扁平，略呈圆形。壳顶前方背缘凹陷，后方背缘近截状。腹缘和前、后缘约呈圆形。小月面小而深凹，心脏形。栖息于海洋潮间带沙滩、泥滩。

1 cm

27.等边浅蛤 *Gomphina aequilatera* Sowerby，1825

隶属帘蛤目 Veneroida，帘蛤科 Veneroide，浅蛤属 *Gomphina*。壳长30～40 mm，壳近等边三角形，壳质较尖厚，壳顶位于背缘中央，尖而凸出，指向上方。小月面较长。壳表光滑，颜色多变。多为白底带 V 形花纹，铰合齿发达。于潮间带沙底埋栖生活。

28.日本海神蛤 *Panopea japonica* Adams，1850

隶属海螂目 Myoida，钻岩蛤科 Hiatellidae，海神蛤属 *Panopea*。俗称象拔蚌。壳长 100～120 mm。壳近长方形，前端钝圆，后端截形，背缘较直，腹缘浅弧形，前后两端开口。壳质薄脆。壳顶较突出，稍前。壳表白色，外被 1 层较厚的褐色壳皮，皮质常脱落。生长纹波状，较粗糙，无放射肋。铰合齿不发达，仅左壳有 1 个主齿，两壳皆无侧齿，水管很长，不能缩入壳内。分布于北黄海，多栖息于潮下带沙底，穴居生活。肉可食用，味鲜美。

1 cm

29.砂海螂 *Mya arenaria* Linnaeus，1758

隶属双壳纲 Bivalvia，海螂目 Myoida，海螂科 Myidae，海螂属 *Mya*。俗称大蚬、蚬蛤。大型种。壳长 80～106 mm。壳横卵圆形，前端钝圆，由壳顶至后端渐细，末端略尖，腹缘弧形。前后端不契合，均开口，壳质坚厚。壳顶位于中央之前，无小月面和楯面。壳表呈灰白色，外被土黄色壳皮，生长线粗糙。壳内面呈白色，右壳铰合部具 1 个三角形韧带槽，左壳具有 1 个强大的着带板。水管极长，充分伸展时长度可达壳长的几倍，外套窦较明显，宽且深。多生活在潮间带泥沙质海底，埋栖生活。黄海、渤海均有分布。肉可食用，味鲜美。

1 cm

（四）头足纲 Cephalopoda

1.太平洋褶柔鱼 *Todarodes pacificus* Steenstrup，1880

隶属枪形目 Teuthoidea，柔鱼科 Ommastrephidae，褶柔鱼属 *Todarodes*。胴体圆锥形，成体胴长可达 300 mm。胴长约为胴宽的 5 倍。体表具有大小相同的圆形色素斑。鳍长约为胴长的 1/3，两鳍相接略呈横菱形。腕式为 3>2>4>1，腕吸盘 2 行。属大洋种类，也到浅海活动。本种产量较大，属经济头足类。

1 cm

1 cm

2.曼氏无针乌贼 *Sepiella maindroni* Rochebrune，1884

隶属乌贼目Sepioidea，乌贼科Sepiidae，乌贼属*Sepiella*。是1年生的中型乌贼，俗名叫墨鱼，胴部盾形。胴长为胴宽的2倍。胴背具许多近椭圆形的白花斑。肉鳍前狭后宽，位于胴部两侧全缘，仅在末端分离。腕5对，4对长度相近，第4对腕较其他腕长。无柄腕吸盘4行，各腕吸盘大小也相近。雄性左侧第四腕茎化。触腕穗狭柄形，吸盘约20行，小而密。内壳椭圆形。石灰质内骨长椭圆形，长度约为宽度的3倍，角质缘发达，后端无骨针。一般胴长15 cm。目前有记录的最大胴长为19 cm，最大体重0.7 kg。生长快，肉质鲜美。分布在西北太平洋和北印度洋沿岸海域。是世界性重要经济种。

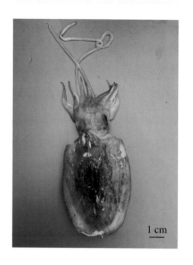

3.日本枪乌贼 *Loliolus japonica* Hoyle，1885

隶属枪形目Teuthoidea，枪乌贼科Loliginidae，枪乌贼属*Loliolus*。成体胴长120 mm左右。胴部圆锥形，胴长约为胴宽的4倍。体表具有大小相同的圆形色素斑。鳍长超过胴长的1/2，后部略向内弯，两鳍相接略呈纵菱形。无柄腕长度略有差异，腕式一般为3>4>2>1，吸盘2行。内质角质，披针叶形，后部略尖，

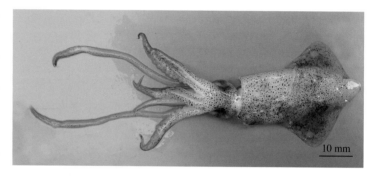

中轴粗壮，边肋细弱，叶脉细密。分布于黄海、渤海、东海。

4.长蛸 *Octopus variabilis* Sasaki，1920

隶属八腕目Octopoda，蛸科Octopodidae，蛸属*Octopus*。俗称章鱼、八带鱼等。胴部短小，卵圆形。头足部具有肉腕4对，一般腕的长度相当于胴部的2～5倍，腕上有大小不一的吸盘。无肉鳍，壳退化。真蛸体中型，一般全长约50 cm。胴部椭球形，背部有疣状突起。各腕长度相近，侧腕稍长，腹腕稍短，腕上具吸盘2行。体褐色，胴背具十分明显的灰白色斑点。长蛸体中型，全长50～70 cm。头部狭，眼小。腕长，各腕长短悬殊。其中第1对腕最粗最长，40～50 cm，是第4对腕长度的2倍。腕上有吸盘2行。体粉红色。在中国南北海域均有分布，其中北部海域较多。个体大，肉质肥厚鲜美、营养丰富。

5.短蛸 *Octopus fangsiao* Orbigny，1835

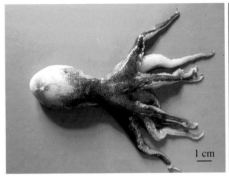

　　具8条腕，腕上有2行吸盘。胴部卵圆形，成体长达8 cm。体表有许多近圆形颗粒，在眼的前方位于第2、第3对腕之间各有1个大金圈，圈径与眼径相当。短腕型，腕长为胴长2～3倍。各腕长相近。腕吸盘2行。冷温性种。分布广泛。

八、节肢动物门 Arthropoda

（一）等足类 Isopoda

1.俄勒冈球水虱 *Gnorimosphaeroma oregonensis* Dana，1853

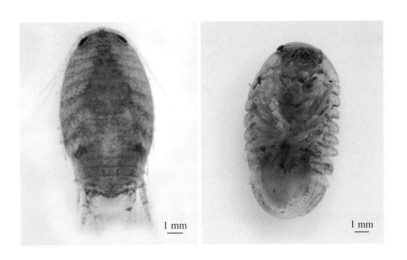

　　隶属等足目 Isopoda，团水虱科 Sphaeromidae，球水虱属 *Gnorimosphaeroma*。体长约9 mm，宽约5 mm，体呈椭球形。背板薄，略隆起，可向腹部弯曲呈球形。体表光滑，具无色透明鳞片状花纹。头部前缘呈弧形，两侧具1对复眼，胸部7节。胸肢7对，形状相似。附肢5对，双肢型。体灰褐色，具白色椭圆形花斑，排列于每节两侧。

2.暗灰海蟑螂*Ligia cinerascens* Bunde-Lund，1885

10 mm

隶属潮虫亚目Oniscoidea，海蟑螂科Ligiidae，海蟑螂属*Ligia*。体呈长椭球形，雌性体长约27 mm，宽约12 mm。体长通常是体宽的2.1～2.4倍。雄性体长大于雌性，体长约36 mm，宽约17 mm。体表稍具小颗粒，相当光滑。复眼2个，黑色，较大，近圆形，位于头部两侧，与其身体水平线稍许分离。触角中等长，粗壮。鞭毛向后达体长1/2处的第六体节。触角超过第二体节，第二触角鞭节25～28节。基节板存在于雄性所有的胸节上，雌性则退化消失。腹部不会突然收缩。尾节宽三角形，中部稍钝，最后逐渐变得尖削，后缘突起渐尖，短于内缘副突起。口部第二上颌骨有2个强壮的叶，其内侧具有2束刺毛。上颌具有5个完全分离的关节。广泛分布于中国沿海各地，是一种长年生活在海岸边的水陆两栖动物。群居，栖息于中高潮区和潮上区的岩石间或海滩附近的建筑物内，爬行迅速，喜食藻类，常以紫菜、海带为食，为海水养殖区的敌害之一。

（二）端足类 Amphipoda

1.钩虾*Gammarus* sp.

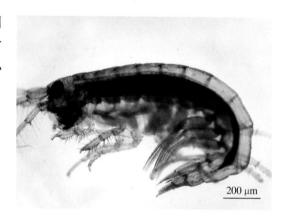

200 μm

隶属钩虾科Gammaridae，钩虾属*Gammarus*。体侧扁，眼小，两对触角均很长，第一对具1根副鞭，通常长于第二对。尾节的裂缝很深。最后3个腹节有束状小毛。颚足有颚须，大颚触须分3节。两对鳃足大小相似，海水、淡水均有分布。

2.细长角蛾*Themisto gracilipes* Norman，1869

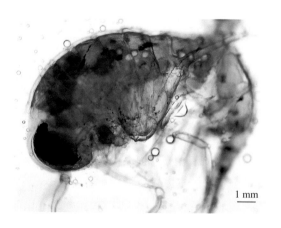

1 mm

隶属蛾亚目Hyperiidae，长角蛾属*Themisto*。头部近球形，复眼很大，几乎占整个头部。第一触角雌短雄长。第一鳃足不呈螯状，后3对步足长于前2对。第三对步足非常细长，尤其是掌节特别细长，前缘有长短不等的细毛。

3. 多棘麦秆虫 *Caprella acanthogaster* Mayer, 1890

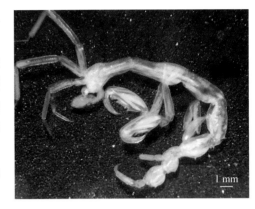

1 mm

　　隶属麦秆虫科 Caprellidae，麦秆虫属 *Caprella*。体长 3 ~ 4 cm，体形似海藻分枝，常称海藻虫。头部背面光滑，前侧方具 1 对小圆眼，雄性胸部后 5 节背腹面均具棘，雌性各胸节均具棘。腹部退化。第一触角超过体长的 1/2，触鞭较细。第二触角小，腹侧具细毛。第一颚足小，位于第一胸节前方。第二颚足强大，位于第二胸节后方，掌节腹缘具 3 个突起，指节弯爪状。第三、第四胸肢特化为鳃。步足 3 对，其末端爪状。中国沿海常见，常栖息于海上养殖浮筏和浅海藻丛中，是一种常见的污损生物。

（三）蔓足类 Cirripedia

1. 龟足 *Capitulum mitella* Linnaeus，1758

　　隶属颚足纲 Pedunculata，有柄目 Thoracica，铠茗荷科 Scalpellidae，龟足属 *Capitulum*。俗称佛手贝、石蜐、鸡足。身体分成头状部和柄部，一般宽 20 ~ 30 mm，高 30 ~ 50 mm。头状部呈淡黄色和绿色。柄部软而呈褐色或黄褐色，外表被有细小的石灰质鳞片，排列紧密。头部侧扁，由楯板、背板、上侧板、峰板、吻板等 8 个壳板形成壳室，基部有 1 排小的侧板（21 ~ 31 个）轮生。壳板白色，外包 1 层牢固的黄褐色外皮。楯板三角形，较大；背板四边形，最大；上侧板位于楯板、背板之间，窄三角形，吻板和峰板各 1 片，内凹。基部轮生小侧板三角形，内弯，其亚吻板和亚峰板略大。柄部侧扁，多略短于头部，完全被椭圆形小鳞片有规则地覆盖，内部肌肉发达，可伸缩，褐色或浅褐色。软体部分的躯体在壳室中，口器上唇无齿，大颚具 5 齿，6 对蔓足，具 4 ~ 8 节的尾附肢；具交接器，但无背突。雌雄同体。热带种，在中国产于东海、南海。常栖息于沿岸高潮带，常用柄部附着于岩缝中或鱼体上，密集成群。

2. 东方小藤壶 *Chthamalus challenger* Hoek，1883

1 cm

　　隶属无柄目 Sessilia，小藤壶科 Chthamalidae，小藤壶属 *Chthamalus*。壳呈圆锥形，峰吻间直径约 12 mm，高约 6 mm。壳表灰白色，受侵蚀则呈暗灰色，少数个体有明显不规则纵肋，但幼小或受侵蚀的个体则不明显。壳内面紫色。幅部很狭，缝合线因侵蚀常不明显。吻侧板不与吻板相愈合，先端非常细狭。壳底膜质。壳口大，略呈四边形。楯板呈长三角形。关节脊发达，呈大的钝三角形突出。闭壳肌窝大而深，闭壳肌脊明显。侧压肌窝显著。背板呈楔形，上部宽，下部狭。关节脊发达，关节沟宽。距与底缘不易区分。具发达的侧压肌脊。分布广泛，黄、渤海高潮线岩石上多见，个体小，数量多。

3. 白脊藤壶 *Balanus albicostatus* Pilsbry，1916

隶属无柄目Sessilia，藤壶科Balanidae，藤壶属*Balanus*。壳呈圆锥形，峰吻间直径约18 mm，高约12 mm。壳板有纵肋。壳口略呈五角形，有石灰质外壳，白色或灰白色。柄部退化，头状部的壳板则

增厚且愈合。在顶部有4片由背板及楯板组成的活动壳板，由肌肉牵动开合。壳板并非实心构造，由底部观察可以发现它们是由中空的隔板所组成。内部的藤壶身体与茗荷类一样，像仰躺的虾，蔓足在上，朝向顶部的开口，主要捕食浮游动物中的桡足类及蔓足类的幼体。在淡水流入的内湾潮间带岩石、河口、栈桥桥基等低盐度地区附着生活，中国内港海湾的岩石、木桩、贝壳上极为稠密。偶有附着于船底。

4. 泥藤壶 *Balanus uliginosus* Utinomi，1967

壳呈圆锥形或圆筒形。常群居，壳表幼小时光滑，成体因相互挤压而变形、粗糙，壳表白色或淡灰褐色，各壳板上端向外反曲，幅部宽，顶缘斜，翼部也较宽，二者均有横纹。背板表面生长脊也显著，呈波形弯曲。自顶端带距的末端有1个凹沟，近峰部有1个纵凹，此2凹沟将背板纵分为三等分。附着于潮间带岩石、贝壳、船底等。

5. 网纹藤壶 *Balanus reticulatus* Utinomi，1967

壳呈圆锥形，壳表光滑，白色，有紫色或灰褐色纵条纹、无横纹。吻板和侧板条纹多为2束，每束2～5条，板中央和边缘部分常形成较宽的白色纵带。幅部宽阔，上缘与基部近平行，表面有细的平行横纹；翼部宽阔，顶缘稍斜。壳口大，呈菱形。楯板生长脊粗糙，有紫色放射纵带。关节脊发达，接近背缘长度的1/2，末端尖锐。贝壳肌窝椭圆形。背板宽阔，生长脊呈波形弯曲，中央沟宽阔开放，延伸到距的末端。距宽而短，末端呈舌状，其两侧基缘不内凹成缺刻。侧压肌脊短而强，4～6条，关节脊突出。上唇中央缺

刻的两侧齿多。第三蔓足无锯齿状刚毛。附着于潮间带岩石、贝壳、船底等。对浮筏养殖、船舶、海洋设施等有一定危害。

（四）十足类Decapoda——虾类prawn

1.中国明对虾*Fenneropenaeus chinensis* Osbeck，1765

隶属甲壳动物亚门Crustacea，十足目Decapoda，对虾科Penaeidae，明虾属*Fenneropenaeus*。又称中国对虾、东方虾。额角上缘具7～9齿，下缘为3～5齿。头胸甲无肝脊。第一触角上鞭约等于头胸甲长的4/3。第三步足伸不到第二触角鳞片的末端。仅分布于中国沿海，属地方性特有种，是对虾属中产量最高者，是中国沿海的主要养殖品种之一。主要产于渤海，在渤海湾生长、繁殖和生活，还有少量生活于东海的北部及南海的珠江口附近。

2.日本囊对虾*Penaeus japonicus* Spence Bate，1888

隶属甲壳动物亚门Crustacea，十足目Decapoda，对虾科Penaeidae，对虾属*Penaeus*。又称日本对虾、车虾。额角上缘具8～10齿，下缘具1～2齿。具额胃脊，额角侧沟长，伸至头胸甲后缘附近，额角后脊的中央沟长于头胸甲长的1/2。尾节具3对活动刺。雌性交接器囊状，前端开口，其前端有1个圆突；雄性交接器中叶突出，并向腹面弯折。体表具鲜明的横斑，为土黄色、橙色环带相间，带淡蓝色，尾肢具棕色横带，末端蓝绿色。中国东南沿海常见，广东产量较大。生命力较强，出水后能经较长时间不死，便于运输，是人工养殖的对象之一，经济价值较高。

3.凡纳滨对虾*Litopenaeus vannamei* Boone，1931

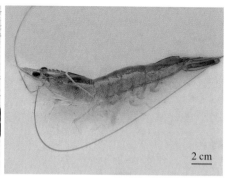

　　隶属对虾科Penaeidae，对虾属*Litopenaeus*。又称南美白对虾、凡纳对虾，原产中南美太平洋海岸水域，外形与中国明对虾相似。体色为淡青蓝色，甲壳较薄，全身不具斑纹。额角尖端的长度不超出第一触角柄的第二节，齿式为5～9/2～4，头胸甲较短，与腹部的比例为1：3，具肝刺及触角刺，不具颊刺及鳃甲刺，肝脊明显；心脏黑色，前足常呈白垩色。第一至第三对步足的上肢十分发达，第四、第五对步足无上肢。腹部第四至第六节具背脊。尾节具中央沟。雌虾不具纳精囊，成熟个体第四、第五对步足间的外骨骼呈W形。雄虾第一对腹肢的内肢特化为卷筒状的交接器。适应能力强，自然栖息区为泥质海底，水深0～72 m，能在盐度0.5～35的水域中生长，生存水温6～40℃，生长水温15～38℃，最适生长水温为22～35℃。

4.斑节对虾*Penaeus monodon* Fabricius，1798

　　俗称鬼虾、草虾、竹节虾。额角上缘具7～8齿，下缘具2～3齿。有肝脊，无额胃脊，额角侧沟短，向后超不过头胸甲中部。第五对步足无外肢，雌性交接器盘状，宽大于长，中央开口边缘厚；雄性交接器侧叶较宽，顶端圆，明显超出中叶。体由暗绿、深棕和浅黄横斑相间排列，构成腹部鲜艳的斑纹。这种虾生命力强，肉质鲜美，个体大，是对虾属中最大的一种，最大的雌虾长达33 cm，体重超过500 g。是目前东南亚一带最主要的养殖种类，中国广东、台湾大量养殖。

5. 脊尾白虾 *Exopalaemon carinicauda* Holthuis，1950

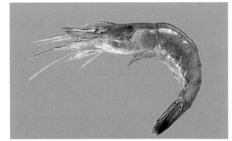

　　隶属甲壳动物亚门Crustacea，十足目Decapoda，长臂虾科Palaemonidae，白虾属*Exopalaemon*。体长50～90 mm，额角甚细长，为头胸甲长的1.2～1.5倍，末部稍向上扬起，超出鳞片末端1/3～1/4，末端具1附加小齿，下缘具3～6齿；基部1/3处具1个鸡冠状隆起，上缘具6～9齿，中部及末端甚细。腹部自第三至第六腹节背部中央有明显的纵脊。第二对步足指节长于腕节，第五对步足掌节约为指节长的2.2倍。主要分布在中国大陆南、北各地沿岸浅海，在渤海和黄海最为常见且为优势种。

6. 日本鼓虾 *Alpheus japonicus* Miers，1879

　　隶属十足目Decapoda，鼓虾科Alpheidae，鼓虾属*Alpheus*。俗称嘎巴虾。体棕红或绿褐色，腹部每节的前缘为白色。体长30～55 mm。额角长而尖细，额角后脊宽而短，不明显。尾节背面圆滑。大螯狭长，长为宽的4倍。小螯细长，长度等于或大于大螯。雄性掌长于指，可动指匙状，毛稀疏。大小螯掌节内侧末端均具1个尖刺。第二对步足腕节分5节，其中第一节长于第二节。分布广泛，栖息于泥沙底浅海。

7. 大蝼蛄虾 *Upgoebia major* De Haan，1841

　　隶属十足目Decapoda，蝼蛄虾科Upogebiidae，蝼蛄虾属*Upgoebia*。俗称蝼蛄虾。身体背面浅棕蓝色，卵为黄色。体长70～100 m。头胸部侧扁，腹部平扁。额角腹缘无刺。头胸甲前侧缘具1尖刺。腹部第一节很窄，后部各节宽。第一对步足亚螯状，左右对称，雄较雌大。第二至第四对步足都不呈螯状。第五对步足末端具很小的亚螯。雌虾第一腹肢为细小单肢，雄虾无第一腹肢。第二至第五腹肢内外肢均呈宽叶片状。尾肢宽大。穴居于泥沙底质的滩涂潮间带中下区，内湾较多。每年11月至翌年3～4月能见到抱卵的雌虾。分布于辽东半岛和山东半岛。

（五）十足类Decapoda——蟹类crab

1.锯缘青蟹*Scylla serrata* Forskål，1775

隶属十足目Decapoda，梭子蟹科Portunidae，青蟹属*Scylla*。俗称膏蟹。体色青绿，头胸甲略呈椭圆形，表面光滑，中央稍隆起。甲面及附肢呈青绿色。背面胃区与心区之间有明显的H形凹痕，额具4个突出的三角形齿，较内眼窝齿突出，前侧缘有9枚中等大小的齿，末齿小而锐突出，指向前方。螯足壮大，两螯不对称。长节前缘具有3棘齿，后缘具2棘刺。腕节外末缘具2钝齿，内末角具1壮刺。掌节肿胀而光滑，雄性个体尤为肿胀，背面具有2条隆脊，其末端具1棘刺，指节的内外侧各具1线沟，两指间的空隙较大，内缘的齿大而钝。前三对步足指节的前、后缘具短毛，末对步足的前节与指节扁平桨状，适于游泳。雄性腹部呈宽三角形，第六节末缘内凹，其缘直，两侧缘直，末节末缘钝圆，雌性腹呈宽圆形。甲宽约20 cm，体重约1.5 kg。

2.三疣梭子蟹*Portunus trituberculatus* Miers，1876

隶属节肢动物门Arthropoda，甲壳纲Crustacea，软甲亚纲Malacostraca，十足目Decapoda，梭子蟹科Portunidae，梭子蟹属*Portunus*。头胸甲梭形，宽几乎为长的2倍，表面稍隆起，覆盖有细小的颗粒。胃、鳃区各具1对颗粒隆起，中胃区具1个，心区具2个疣状突起。额具2根锐齿，略小于内眼窝齿。螯足长节后末缘具1刺。头胸甲上无红斑，表面覆以较细的颗粒，无花白云纹。生活于10～30 m的沙泥或沙质海底，分布于中国黄、渤海至东海、南海海域以及日本，朝鲜和马来西亚海域中。

2 cm

3.日本蟳（日本鲟）*Charybdis japonica* A. Milne-Edwards，1861

隶属节肢动物门Arthropoda，甲壳纲Crustacea，软甲亚纲Malacostraca，十足目Decapoda，梭子蟹科Portunidae，蟳属*Charybdis*。头胸甲横卵圆形，表面隆起。胃区、鳃区具通常的几对隆基，但有时前胃区正常隆脊的两侧，各有1短的斜行隆线。额稍突，具6齿，中央2齿稍突出，第一侧齿稍指向外侧，第二侧齿较窄。螯足掌节上具5刺，且均发育良好，雄性腹部第六节侧缘逐渐靠拢。生活于低潮线，有水草或泥沙的水底，或潜伏于石块下，是一种重要的食用蟹。分布于中国黄、渤海至东海、南海海域以及日本和马来西亚海域。

2 cm

4. 肉球近方蟹 *Hemigrapsus sanguineus* De Haan，1835

隶属甲壳纲Crustacea，十足目Decapoda，方蟹科Grapsidae，近方蟹属*Hemigrapsus*。头胸甲呈方形，宽度大于长度，头胸甲长约27 mm，宽约32 mm。前半部稍隆起，表面有颗粒及血红色的斑点，后半部较平坦，颜色亦较淡。额缘宽度不到头胸甲宽度的1/2，

前缘完整无齿。前侧缘有3齿，即前（外眼窝齿）、中、末齿，前2齿等大，末齿最小。螯足雄比雌大，长节的内侧面近腹缘的末部具1个发音隆脊，腕节的内末角呈齿状，掌节内、外面隆起，雄性两指间的空隙较雌性为大，基部之间具1个球形膜泡，雌螯无，在雄性幼体亦不明显。步足指节侧扁，较前节短，具6条纵列的黑色短刚毛。

5. 绒毛近方蟹 *Hemigrapsus penicillatus* De Haan，1835

头胸甲呈方形，宽度大于长度，头胸甲长约29 mm，宽约33 mm。体形与肉球近方蟹十分相似，但头胸甲背面更隆起，肝区、心区、肠区和后鳃区较低凹。额缘宽度约为头胸甲宽度的1/2，前缘中部微凹。下眼窝脊由6～8枚颗粒突起组成。前侧缘具3齿。前齿大，

中齿小而尖，后齿最小。螯足掌部内侧及两指内缘基部有1簇绒毛，内侧多于外侧。雌性螯足内侧及两指内缘基部无绒毛。中国各海均有分布。

6. 中华绒螯蟹 *Eriocheir sinensis* H. Milne-Edwards，1853

隶属十足目Decapoda，弓蟹科Varunidae，绒螯蟹属*Eriocheir*。体近圆形，头胸甲背面为草绿色或墨绿色，腹面灰白，头胸甲额缘具4尖齿突，前侧缘亦具4齿突，第四齿小而明显。腹部平扁，雌性呈卵圆形或圆形，雄性呈细长钟状。幼蟹期雌雄个体腹部均为三角形，不易分辨。螯足用于取食和抗敌，其掌部内外缘密生绒毛，绒螯蟹因此而得名。4对步足是主要爬行器官，长节末前角各有1尖齿。腹肢雌性4对，位于第二至第五腹节，双肢型，密生刚毛，内肢主要用以附卵。雄蟹仅有第一和第二腹肢，特化为交接器。

7.方腕寄居蟹*Pagurus ochotensis* Brandt，1851

隶属十足目Decapoda，寄居蟹科Paguridae，寄居蟹属*Pagurus*。俗称大寄居蟹、虾怪。头胸甲紫红褐色，长约40 mm。扁平，前部坚硬。额角短宽，第一触角短小，第二触角鳞片发达，三棱形，触角鞭约为头胸甲的3倍。右螯大于左螯。腹肢退化。常寄居螺壳内。具有一定经济价值。

8.细足寄居蟹*Pagurus gracilipes* Stimpson，1858

体棕色，步足上具白斑，头胸甲长约10 mm，表面毛少。额角小而尖。第二触角鳞状细长。右螯大于左螯。右螯腕节略长于掌节，背面具2排突起，可动指略短于掌节。左螯细，腕节背面有2行刺突、掌节光滑。第二、第三对步足细长，腕掌节前缘具齿，指节长于掌节。分布于黄海和东海北部。

9.中华豆蟹*Pinnitheres sinensis* Shen，1932

隶属十足目Decapoda，豆蟹科Pinnotheridae，豆蟹属*Pinnitheres*。体软，雌性头胸甲圆形，宽度稍大于长度，背面光滑，稍隆起，侧缘弧状凹。额小而突出，弯向腹面。眼窝、眼柄均短小。第一触角大。第二触角

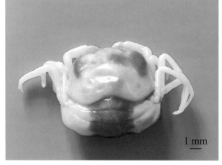

很小，口腔宽而短。第三颚足光滑，长节大而斜，其外缘拱形，内缘凹，具羽状刚毛，掌节较大，指节短小，呈窄条状，长度不到掌节的末端。外肢瘦长，鞭有2节。螯足光滑，前3节明显短小，长节呈圆柱状，腕节长大于宽，掌节略呈长方形，基部较末端部窄，指短于掌，可动指内缘基部具1羊角形齿。不动指的基部具2枚小齿。步足光滑，以第三对为最长，右足长于左足，第四对步足最短，各对步足的指节前2对短于后2对，具稀疏短刚毛，末对步足的指节最长，其末半部周围密具短刚毛。雄性头胸甲较雌性坚硬而小。雌性腹部宽大，雄性腹部窄长。雄性第一腹肢小而弯。雌性头胸甲长约11 mm，宽约8 mm。栖息于双壳软体动物如太平洋牡蛎、中国蛤蜊、文蛤等体内。中国山东、大连及日本、朝鲜有分布。

（六）口足目 Stomatopoda

口虾蛄 *Oratosquilla oratoria* De Haan，1844

隶属甲壳纲 Crustacea，口足目 Stomatopoda，虾蛄科 Squillidae，口虾蛄属 *Oratosquilla*。俗称虾爬子、皮皮虾。头胸甲背面各脊显著。额板长方形。胸部第五至第七节侧缘具有2个侧突。尾节宽大于长，背面中央脊及腹面肛门后脊具明显隆起的脊。眼大，角膜斜接于眼柄上。第二触角鳞片大。第二胸肢强壮，称为掠肢，其长节下角具1刺，腕节背缘有3～5个不规则的齿状突，指节具6齿。浅海底栖穴居。肉质鲜美。分布广泛，适应性强，可养殖。

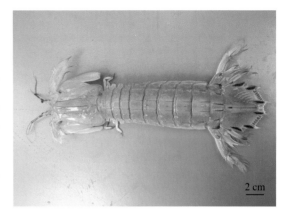

2 cm

九、棘皮动物门 Echinodermata

1. 多棘海盘车 *Asterias amurensis* Lütken，1871

隶属棘皮动物门 Echinodermata，海星纲 Asteroidea，海盘车科 Asteriidae，海星车属 *Asterias*。身体扁平，呈五角星状，腕5条，成典型的五辐射对称。运动器官为管足，由管足伸出向后撑，推动身体前进。消化管短而直，胃分为近口面的贲门胃和近反口面的幽门胃两部分。胃后为很短的肠，末端开口为肛门。为中国黄、渤海常见种，广泛分布于北太平洋沿岸。

5 cm

2. 刺参 *Apostichopus japonicas* Selenka，1867

隶属棘皮动物门 Echinodermata，海参纲 Holothuroidea，楯手目 Aspidochirotida，刺参属 *Apostichopus*。又称仿刺参。雌雄异体，身体柔软，呈蠕虫或腊肠状，一般长20～40 cm，宽3～6 cm。背面隆起，具有4～6行大小不等的圆锥形肉刺。前端有口，后端有肛门，两者常偏于背面或腹面。腹面常略扁平，表现出不同程度的左右对称。属温带种，主要分布在北太平洋沿岸浅海。

3. 黄海胆 *Glyptocidaris crenularis* A. Agassiz，1864

隶属海胆纲Echinoidea，脊齿目Stirodonta，疣海胆科Phymosomatidae，黄海胆属*Glyptocidaris*。俗名海刺猬。壳略扁，壳直径可达 80 mm，高40 mm。步带狭窄，约为间步带的1/2。在赤道部以上，沿着各步带和间步带的中线，各有一个裸出的间隙。每个步带板由3个初级板和2个次级板组成，排列方式为：初－次－初－次－初。管足孔对的排列与步带板排列一致。肛门偏于右后方。大棘粗壮，表面有光泽，长度约等于壳的半径，末端偏扁，下面呈凿刀形。全体为黄绿色，反口面的大棘为灰褐色，棘的末端红色。黄海胆生殖腺可食用，是营养极其丰富的海珍品之一，分布于黄海。

1 cm

4. 光棘球海胆*Strongylocentrotus nudus* A. Agassiz，1863

隶属海胆纲Echinoidea，拱齿目Camarodonta，球海胆科Strongylocentrotidae，球海胆属*Strongylocentrotus*。亦称大连紫海胆。壳呈半球形，壳高略大于壳径的1/2。口面平坦，壳直径一般6～7 cm，高2.2～3 cm。大棘强大，针形，末端尖锐，表面带有极细密的纵刻痕，最大长度可达3 cm以上，其长度约等于壳的直径。步带的管足7～9对，排列成弧状。步带区与间步带区的膨起程度相似，壳口面观为圆形。成体体表面以及大棘的色泽均呈黑紫色，管足内有特殊的弓形骨片，管足的色泽为紫色或紫褐色。体型属大中型，成熟季节生殖腺呈淡黄色或橙黄色，质量较好。

5. 虾夷马粪海胆*Strongylocentrotus intermedius* A. Agassiz，1863

亦称中间球海胆。壳呈低半球形，壳高略小于壳径的1/2，口面平，稍向内凹，反口面稍隆起，顶部较平坦。体色有变化，通常黄褐色或绿褐色。大棘针形，短而尖锐，长5～8 mm。栖息于沙砾、岩礁地带的50 m浅水域，水深5～20 m处分布较多。

十、腕足动物门Brachiopod

鸭嘴舌形贝 *Lingula anatina*（Lamark，1801）

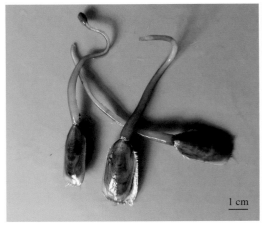

1 cm　　　1 cm

　　隶属腕足动物门 Brachiopod，无铰纲 Inarticulata，舌形贝目 Lingulida，舌形贝科 Lingulidae，舌形贝属 *Lingula*。俗称海豆芽。壳舌形、长卵形或扁平鸭嘴形，后缘尖缩，前缘平直。背腹两枚壳瓣大小不等，每枚壳瓣左右对称。两壳凸度相似，腹壳略长。壳壁脆薄，壳多糖和磷灰质交互成层。壳面具油脂光泽，饰以同心纹，有时纹呈断续的层状，或具放射纹。肉茎特长，自两壳间伸出，深埋于潜穴中，并在腹壳假铰合面上留下1个三角形的凹沟，称为肉茎沟。外套膜边缘具刚毛，促使水由前方两侧进入腕腔，再由前方中央排出。为中国沿海常见的一种腕足动物，壳长约40 mm，宽约20 mm，柄长约60 mm。舌形贝是世界上已发现生物中历史最长的腕足类海洋生物，最初见于5.4亿年前的寒武纪，为底栖附着动物，生活于潮间带细沙质或泥沙质底内，借肌肉收缩挖掘泥沙，营穴居生活。

十一、脊索动物门Chordata

1.柄瘤海鞘 *Styela clava* Herdman，1881

　　隶属海鞘纲Ascidiacea，侧性目Pieurogona，瘤海鞘科Styelidae，瘤海鞘属*Styela*。体高50 ~ 100 mm。体分为躯干和柄两部分，以柄基部附着在栉孔扇贝壳等其他物上。出水管较短，位于体顶端，体表具许多疣状突起，粗糙有皱褶。鳃囊大，有4个鳃褶。雌雄同体，卵巢金黄、精巢乳白。体呈淡黄色、黄褐色或灰褐色。分布于黄、渤海，为污损生物，对养殖有害。

1 cm

2.皱瘤海鞘 *Styela plicata* Lesuer，1823

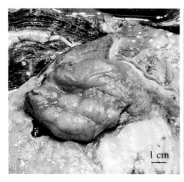

体长呈卵圆形，黄白色，以底部附着于网绳、鲍壳等物上。被囊坚厚，表面带有较多的圆形皮褶。在皮褶的凹处常有泥沙附着。入水口和出水口在背侧上下位，管状，表皮呈4叶包裹出水口，闭起呈"十"字形。顶端有许多瘤状突起，在鳃囊的两侧有4个纵褶，只有1个生殖器。胃大，肠呈U形。

3.瘤海鞘 *Styela* sp.

个体小，丘状。体高为4～8 μm，直径5～10 μm。后部无柄，基部较宽，体表光滑。出入水管均较短，约1 mm，具4个瓣。被囊革质，不透明，较厚，肌肉发达，浅黄色。体色红色或紫色。附着于皱纹盘鲍壳表。

4.乳突皮海鞘 *Molgula manhattensis* De Kay，1843

隶属海鞘纲Ascidiacea，侧性目Pieurogona，皮海鞘科Molgulidae，皮海鞘属*Molgula*。体成球形或椭球形，高20～35 mm，略侧扁，出入水管明显。出水孔4瓣，入水孔6瓣。被囊较薄，厚小于1 mm。体表光滑，黏有细沙粒。浅黄褐色或白色。肌膜薄，肌肉大部分分布于水管基部，外套膜薄，半透明，消化道肉眼可见。鳃囊

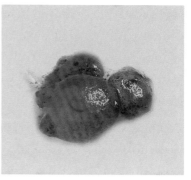

大，每侧具6个鳃褶，鳃孔纹状，触指树枝状。雌雄同体，左右各1个生殖腺，卵巢位于外侧，精巢在内侧，白色。常见种，分布广泛，对海参养殖有危害。

第四章

水生大型植物 | aquatic macrophytes

1. 刚毛藻 *Cladophora* sp.

隶属绿藻纲Chlorophyceae，刚毛藻目Cladophorales，刚毛藻科Cladophoraceae，刚毛藻属*Cladophora*。藻体为分枝丝状体，分枝侧生，与主轴成双叉、三叉甚至多叉排列。细胞圆柱形或膨大，细胞壁较厚，具多个周生盘状色素体和多个蛋白核。海水、淡水、流水、静水等各种水体均有分布。

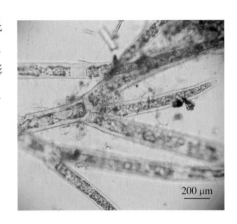

200 μm

2. 肠浒苔 *Enteromorpha intestinalis* Linnaeus，1753

隶属绿藻纲Chlorophyceae，石莼目Ulvales，石莼科Ulvaceae，浒苔属*Enteromorpha*。藻体亮绿色至黄绿色，管状，单条，或在基部略有分枝，中、上部膨胀成肠形，一般长度约60 cm，个别可达2 m，直径0.5 ～ 10 cm，下部较细，向上逐渐膨大。常分布在近岸海滨水体中，海湾内低潮带的岩石及高、中潮带的石沼中也很常见，有淡水流入的地方也能生长。全年均可生长。

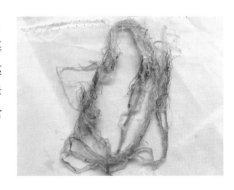

3. 孔石莼 *Ulva pertusa* Kjellman，1897

隶属绿藻纲Chlorophyceae，石莼目Ulvales，石莼科Ulvaceae，石莼属*Ulva*。藻体幼时绿色，长成时颜色加深为碧绿色，成熟时颜色稍带黄色。体表面常有大小不等的圆形或不规则的裂片，随着藻体的成长，几个小孔可以进一步裂为1个大孔，使藻体最后形成几个不规则的裂片。柄长或不明显。切面观细胞纵长方形，角圆，长为宽的2 ～ 3倍。边缘的细胞为正方形，长宽相似或略高。生长在中、低潮带或潮下带附近的岩石上或石沼中，海湾中较多。全年均可生长。

5 cm

4. 礁膜 *Monostroma nitidium* Wittrock, 1866

隶属绿藻纲Chlorophyceae，石莼目Ulvales，礁膜科Monostromataceae，礁膜属*Monostroma*。藻体幼时为囊状、筒状或管状，之后纵裂成扁平或扭曲或不规则的宽膜状叶片。叶片为1层多角形薄壁细胞组成。基部稍厚，有假根丝向下延伸。成熟的叶状体无柄。细胞单核，叶绿体片状、侧生，淀粉核1个。绝大多数为海产。

5 cm

5. 萱藻 *Scytosiphon lomentaria* (Lyngbye) Link, 1833

隶属褐藻门Phaeophyta，褐子纲Phaeosporeae，萱藻目Scytosiphonales，萱藻科Scytosiphonaceae，萱藻属*Scytosiphon*。藻体单条丛生，直立管状，膜质，呈黄褐至深褐色，一般高20～50 cm，个别可达1 m以上，直径2～5 mm。幼时中实不分节，成体中空分节或不分节。顶端尖细或圆钝，基部细，下有1个盘状附着器。生长在中、低潮带岩石上或石沼中，中国沿海均有分布。本种系泛暖温带性海藻。可供食用、药用、饲料用和作为褐藻胶和甘露醇的提取原料。

6. 海带 *Saccharina japonica* (Areschoug) C.E.Lane, C.Mayes, Druehl & G.W.Saunders, 2006

隶属褐藻门Phaeophyta，褐子纲Phaeosporeae，海带目Laminariales，海带科Laminariaceae，海带属*Saccharina*。旧称*Laminaria japonica* Areschoug，1851。海带藻体褐色，长带状，革质，一般长2～6 m，宽20～30 cm。藻体明显地区分为附着器、柄部和叶片。附着器假根状，柄部粗短，圆柱形，柄上部为宽大长带状的叶片。在叶片的中央有两条平行的浅沟，中间为中带部，厚2～5 mm，中带部两缘较薄有波状皱褶。是一种在低温海水中生长的大型海生褐藻植物，隶属褐藻门昆布科，因其生长在海水，柔韧似带而得名。海带是一种营养价值很高的蔬菜，同时具有一定的药用价值。

5 cm

7.裙带菜*Undaria pinnatifida* (Harvey) Suringar，1873

　　隶属海带目Laminariales，翅藻科Alariaceae，裙带菜属 *Undaria*。裙带菜的孢子体黄褐色，外形像芭蕉叶扇，高1～2 m，宽50～100 mm，明显分化为附着器、柄及叶片3部分。附着器由叉状分枝的假根组成，假根的末端略粗大，以附着在岩礁上，柄稍长，扁圆形，中间略隆起，叶片的中部有柄部伸长而来的中肋，两侧形成羽状裂片。叶面上有许多黑色小斑点，为黏液腺细胞向表层处的开口。内部构造与海带很相似，在成长的孢子体柄部两侧，形成木耳状重叠褶皱的孢子叶，成熟时，在孢子叶上形成孢子囊。裙带菜的生活史与海带很相似，也是世代交替的，但孢子体生长的时间较海带短，接近1年（海带生长接近2年），而配子体的生长时间较海带为长，约1个月（海带配子体生长一般只有2周）。分淡干、咸干两种。裙带菜是褐藻植物海带科的海草，被誉为海中蔬菜。

8.龙须菜*Gracilariopsis sjoestedtii* (Kylin) E.Y. Dawson，1949

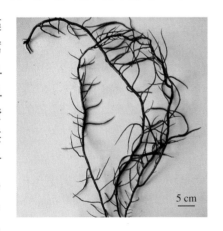

5 cm

　　江蓠是红藻门 Rhodophyta，红藻纲Rhodophyceae，真红藻亚纲Florideae，杉藻目Gigartinales，江蓠科Gracilariaceae，江蓠属 *Gracilariopsis* 的统称。本属近100种，中国的种类有龙须菜 *G. sjoestedtii*、江蓠 *G. verrucosa*、芋根江蓠 *G. blodgettii*、脆江蓠 *G. bursa-pastoris* 和扁江蓠 *G. textorii* 等10多种。龙须菜藻体紫褐色或紫黄色、绿色。软骨质，圆柱状或线状，丛生，高达5～60 cm，甚至更高。单轴型。主枝1～2次分枝，一般偏生或互生。顶端有1个顶细胞，由它横分裂成次生细胞，再继续分裂成髓部及皮层细胞。四分孢子囊"十"字形分裂，雌雄同体或异体，囊果球状或半球状，顶端有或无喙状突起，突出。附着器圆盘状。中国沿岸皆有分布，生长在内湾的沙砾上。可食用和作为制造琼胶的原料。

9.条斑紫菜*Porphyra yezoensis* Ueda，1932

1 cm

　　隶属红藻门Rhodophyta，红毛菜目Bangiales，红毛菜科Bangiaceae，紫菜属 *Porphyra*。叶状体，薄膜状。叶片卵圆形或长卵圆形。由叶片、柄和附着器3部分组成。藻体长一般10～30 cm，人工栽培的可达1 m以上。色泽有变化，紫色。藻体全缘，没有突起，边缘有皱褶。由1层细胞组成。无性生殖通过单孢子进行，有性生殖为雌雄同体。在自然条件下条斑紫菜生活史有叶状体、丝状体2个异形世代，单孢子、果孢子和壳孢子3种孢子交替出现。

10. 大叶藻 *Zostera marina* Linnaeus，1753

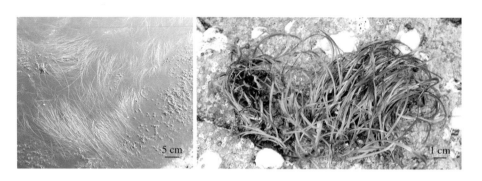

　　隶属被子植物门Angiospermae，单子叶植物纲Monocotyledons，泽泻目Alismatales，眼子菜科Potamogetonaceae，大叶藻属*Zostera*，多年生沉水草本。有根状匍匐茎，节上生须根，茎细，有疏分枝。叶互生，叶长条形，长30～50 cm，宽3～5 mm，先端钝圆，全缘，多数有5脉，少部分7～11脉。托叶膜质，与叶基分离。

11. 石花菜 *Gelidium amansii* J.V.Lamouroux，1813

　　红藻门Rhodophyta，红藻纲Rhodophyceae，石花菜目Gelidiales，石花菜科Gelidiaceae，石花菜属*Gelidium*。藻体紫红色或棕红色，扁平直立，丛生成羽状分枝，小枝对生或互生，各分枝末端急尖，一般高10～30 cm，宽0.3～2 mm。单轴型。皮层细胞间具有许多根样丝。四分孢子囊由末枝形成，呈"十"字形分裂。精子囊及果胞亦由末枝形成，囊果两面突出，各有1小孔。果孢子囊为长棍棒形。为中国黄海、渤海、东海常见种类。可食用，也是提取琼胶的主要原料。

12. 盐地碱蓬 *Suaeda salsa* (Linnaeus) Pall，1803

　　隶属双子叶植物纲Dicotyledons，石竹目Caryophyllales，苋科Amaranthaceae，碱蓬属*Suaeda*。又称翅碱蓬、黄须菜、碱蓬草、碱葱等。一年生草本，高20～80 cm，绿色，晚秋变红紫色。叶条形，半圆柱形，肉质，叶长1～3 cm，宽1～2 mm，先端尖或钝，无柄。花两性或兼有雌性，3～5朵簇生于叶腋，构成间断穗状花序；小苞片短于花被，膜质，白色；花被半球形，花被片基部合生，果期背部增厚，基部生三角状或狭翅状突起，雄蕊5个，花药卵形或矩圆形；柱头2个。胞果包于花被内，成熟时果皮开裂；种子横生，卵形或近圆形，两面稍压扁，长0.8～1.5 mm，黑色，表面有光泽，无点纹。碱蓬可作为野菜和油料作物，倍受人们青睐，还可降低土壤含盐量和增加有机质含量。

第五章

游泳动物 necton——鱼类 │ fish

1. 矛尾复鰕虎鱼 *Synechogobius hasta* Temminck & Schlegel，1845

2 cm

2 cm

隶属脊椎动物门 Vertebrata，硬骨鱼纲 Osteichthyes，鲈形目 Perciformes，鰕虎鱼科 Gobiidae，复鰕虎属 *Synechogobius*。体延长，前部近圆筒形，后部侧扁且渐变细，尾柄细长。背鳍IX，I-19～22，臀鳍I-15～19，胸鳍20～21，腹鳍I-5，纵列鳞54～78，横列鳞17～23，背鳍前鳞31～36，鳃耙3～4+8～9，脊椎骨（41）42～43。该鱼分布甚广，中国沿海以及朝鲜、日本直到爪哇等地的近海或咸淡水域均有分布。因其广温广盐性、生长迅速、抗病力强、味道鲜美而有较好的市场前景，是近海人工养殖和垂钓业的适宜品种。

2. 长绵鳚 *Zoarces elongatus* Kner，1868

隶属脊椎动物门 Vertebrata，硬骨鱼纲 Osteichthyes，鲈形目 Perciformes，绵鳚科 Zoarcidae，长绵鳚属 *Zoarces*。体鳗形，一般体长200～300 mm，大者可达350 mm。有埋于皮下的细小圆鳞。背鳍和臀鳍与尾鳍相连。背鳍前部有88～94根鳍条，其后为12～18根短小鳍棘，近尾端又有16～28

2 cm

根鳍条。腹鳍短小，喉位，鳃盖膜与峡部相连。背鳍第4～7鳍条上具一黑斑。体侧有十几个褐色斑块。属冷温性底层鱼类，常栖息于水深40～60 m海区，多匍匐于海底。分布于北太平洋西部。中国产于黄海、渤海以及东海北部，是中国北方经济鱼类之一。

3.花鲈 *Lateolabrax japonicus* Cuvier，1828

隶属脊椎动物门 Vertebrata，硬骨鱼纲 Osteichthyes，鲈形目 Perciformes，鮨科 Serranidae，花鲈属 *Lateolabrax*。亦称海鲈、鲈。体延长，侧扁。体被小栉鳞，2个背鳍仅在基部相连。体背部青灰色，腹部灰白色。体背侧及背鳍棘散布有若干黑色斑点。属于广温、广盐、肉食性凶猛鱼类，多生活于中国黄海南部、东海及南海近岸浅海中下层或河口咸淡水处，能直接进入并在淡水湖泊中生活，可进行淡水养殖。

5 cm

4.綟鳚 *Azuma emmnion* Jordan & Snyder，1902

隶属鲈形目 Perciformes，锦鳚科 Pholidae，綟鳚属 *Azuma*。俗名小姐鱼、蝴蝶爷鱼、花鱼。体延长，侧扁。头部周围有綟状皮质突起，约有28个，各皮质突顶端均呈掌状分支。口较小，下位，稍倾斜。下颌略长于上颌。两颌各有齿2行。眼较大，侧上位。鳃孔大。背鳍1个，基底与背缘近等长，由鳍棘组成，前端数棘顶端有皮质突起，末端有鳍膜与尾鳍基相连。胸

鳍宽大，侧下位，圆形。腹鳍小，喉位，有1条棘。臀鳍圆形，基底较长，始于背鳍基底中间前下方，前端有1条棘，末端有鳍膜与尾鳍基相连。体被细小长圆鳞，大多埋于皮下。有侧线，很短，由小孔组成，每小孔前均有1个三角形皮质突起，由前向后渐小。体色艳丽，有橙黄、橘红、浅棕等色，并间有淡色区，腹部色较浅。头部下方有浅色横纹。体侧有8～10个褐色云状横斑。背缘和背鳍有8～9个黑褐色宽横纹，成体背鳍斑纹多呈云状。胸鳍褐色，横纹不明显。腹鳍黑色。臀鳍有7～8条黑褐色宽横斑，与体侧下方的横斑相连。尾鳍有1～2条不规则横纹。各鳍边缘均与体色一样艳丽。体长一般为18～25 cm。在中国分布于黄海、渤海等海域。该物种的模式产地在日本。系冷温性近海底层鱼类。

5.大泷六线鱼 *Hexagrammos otakii* Jordan & Starks，1895

隶属脊椎动物门 Vertebrata，硬骨鱼纲 Osteichthyes，鲉形目 Scorpaeniformes，六线鱼科 Hexagrammidae，六线鱼属 *Hexagrammos*。体呈长椭球形、稍侧扁。每侧侧线各有5条，第5条侧线自胸部沿腹中线到肛门前分成2条，止于尾鳍基下缘。背鳍长，鳍棘与鳍条部之间有1个深凹，鳍棘部后上方有1个大的棕黑色斑块。体黄褐色，色彩艳丽，自眼后至尾部背侧有9个灰褐色暗斑，臀鳍浅绿色。冷温水杂食性鱼类，栖息于近海底层岩礁。仅分布于北太平洋北部冷温带海域。

5 cm

6.鮻*Liza haematocheila* Temminck & Schlegel，1845

隶属脊椎动物门Vertebrata，硬骨鱼纲Osteichthyes，鲻形目Mugiliformes，鲻科Mugilidae，鮻属*Liza*。体细长，前部圆筒状，后部侧扁。口裂略呈"人"字形，下颌前端中央具1个突起，可嵌入上颌相对的凹陷中。眼较小、红色，脂眼睑不发达。体被圆鳞，背鳍2个分离。头及背部灰青色，两侧淡黄色，腹部白色，体侧上方有数条黑色纵纹。广温、广盐性海水鱼类，多栖息于沿海及江河口的咸淡水中，亦能进入淡水中生活。分布于日本、朝鲜及中国沿海等，是一种优良的咸淡水养殖品种。

7.鳀*Engraulis japonicas* Temminck & Schlegel，1846

隶属脊椎动物门Vertebrata，硬骨鱼纲Osteichthyes，鲱形目Clupeiformes，鲱科Clupeidae，鳀属*Engraulis*。体长，稍侧扁，腹部圆，无棱鳞。头较长，侧扁。吻突出，圆锥形。眼大，侧前位，眼径大于吻长，眼上覆有薄的脂眼睑。上颌骨末端不达鳃孔。两颌、犁骨、腭骨、翼骨及舌上均具齿，无犬齿。背鳍在臀鳍基前。臀鳍鳍条17～23根，不与尾鳍相连。胸鳍上部无延长的鳍条。尾鳍叉形，对称。被薄圆鳞，无侧线。为生活于北太平洋西部温带水域的小型中上层经济鱼类。在中国常分布于辽宁黄海北部、辽东湾及东海。国外常见于北太平洋西部。

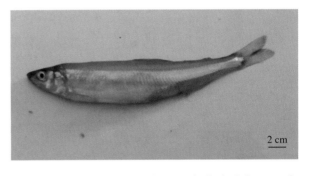

8.斑鰶*Clupanodon punctatus* Temminck & Schlegel，1846（*Konosirus punctatus* Temminck & Schlegel，1846）

隶属脊椎动物门Vertebrata，硬骨鱼纲Osteichthyes，鲱形目Clupeiformes，鲱科Clupeidae，鰶属*Clupanodon*。体呈梭形，侧扁，背腹两缘广弧形，背缘较腹缘厚，腹缘有较强硬的锯齿状棱鳞，尾柄长与高约相等。头小而侧扁。吻短，与眼径约相等。眼中等大小，侧中位，距吻端近，脂眼睑不完全覆盖眼球。背鳍起点距吻端近，距尾鳍基远；最末鳍条延长为丝状，伸至尾柄中间。臀鳍鳍条短小，始于肛门后。胸鳍下位，末端不达腹鳍基。腹鳍小于胸鳍。尾鳍深叉形。为分布范围很广的暖水性浅海食用鱼类。广泛分布于中国沿海。国外常见于朝鲜、日本、印度。

9. 许氏平鲉 *Sebastes schlegeli* Hilgendorf, 1880

隶属脊椎动物门Vertebrata, 硬骨鱼纲Osteichthyes, 鲉形目Scorpaeniformes, 鲉科Scorpaenidae, 平鲉属*Sebastes*。体呈长椭球形、稍侧扁。眼后下缘有3条暗色斜纹, 具眼前棘及眼后棘, 眼后方有1个枕棱。背鳍长, 鳍棘与鳍条部之间有1个深凹, 腹鳍位于胸鳍基的后下方。体背部灰黑褐色, 腹面灰白。体侧分布有不均匀的黑色斑点。冷温性近海底层凶猛鱼类。常栖息于近海岩礁地带、清水砾石区域的洞穴中, 不喜光。主要分布于中国渤海、黄海和东海近海, 也是主要的海水养殖经济品种之一。

5 cm

10. 鲅 *Scomberomorus niphonius* Cuvier, 1832

隶属脊椎动物门Vertebrata, 硬骨鱼纲Osteichthyes, 鲭亚目Scombroidei, 鲅科Cybiidae, 马鲛属*Scomberomorus*。体长形, 侧扁。尾柄细, 每侧有3条隆起脊, 中央1根较长。吻尖长。口大, 前位。齿强大, 侧扁, 多呈尖三角形, 排列稀疏。鳃孔大。鳃盖膜分离, 不与峡部相连。鳃盖条7根。鳞细小。侧线完全, 多呈波纹状。背鳍2个。第二背鳍和臀鳍后有分离的小鳍。尾鳍深叉状。第一背鳍鳍棘XIX～XX。为暖温性中上层鱼类。广泛分布于中国沿海。国外常见于朝鲜、日本、澳大利亚。

5 cm

11. 红鳍东方鲀 *Fugu rubripes* Temminck & Schlegel, 1850

隶属脊椎动物门Vertebrata, 硬骨鱼纲Osteichthyes, 鲀亚目Tetraodontoidei, 鲀科Tetraodontidae, 东方鲀属*Fugu*。体长圆, 前部粗大, 后部稍侧扁。头宽而圆。每侧具鼻孔2个, 鼻瓣呈卵圆形突起。腹侧具皮棱。体被小刺或光滑。背鳍具12～18根鳍条, 前2～6根鳍条不分支。臀鳍具9～16根鳍条, 前1～6根鳍条不分支, 臀鳍白色。尾鳍圆形或截形, 有时略凹入。中筛骨宽短。额骨向外方扩展, 后部较宽, 前端伸越前额骨前侧。后匙骨细棒状。脊椎骨19～25个。鳔呈卵圆形或圆形。有气囊。为近海底层肉食性大型东方鲀。在中国广泛分布于黄海、渤海、东海。国外常见于朝鲜、日本。

1 cm

12. 牙鲆 *Paralichthys olivaceus* Temminck & Schlegel，1846

隶属脊椎动物门Vertebrata，硬骨鱼纲Osteichthyes，鲽形目Pleuronectiformes，鲆科Bothidae，牙鲆属*Paralichthys*。体扁平，呈卵圆形，体长为体高的2.3～2.6倍。双眼位于头部左侧，有眼侧被小鳞，具暗色或黑色斑点；无眼侧被圆鳞，呈白色。背鳍和腹鳍较长，尾鳍后缘呈双截形。冷水及温水性底层肉食性鱼类，栖息于泥沙低质的海区。广泛分布于中国沿海，是主要的海水养殖经济品种之一。

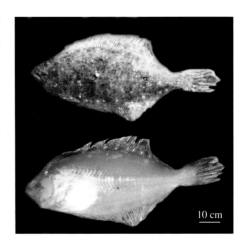

13. 大菱鲆 *Psetta maxima* Linnaeus，1758

隶属脊椎动物门Vertebrata，硬骨鱼纲Osteichthyes，鲽形目Pleuronectiformes，鲆科Bothidae，大菱鲆属*Psetta*。英文名turbot，俗称欧洲比目鱼、多宝鱼、瘤棘鲆。体呈菱形，侧扁而高，体长为体高的1.3～1.6倍，两眼均位

于头的左侧，体长最长达1 m。裸露无鳞，仅有眼侧被以略小于眼径的骨质突起。口大，颌牙尖细而弯曲，无犬牙。背鳍和臀鳍大部分鳍条分支，无硬鳍，较长。有眼侧呈青褐色，具少量皮刺。无眼侧光滑，白色。雄鱼1年达到性成熟，雌鱼2年达到性成熟，自然成熟期在每年5～8月份。原产于大西洋北部、黑海和地中海的海洋或半咸水海域，是名贵的食用鱼。1992年引入中国，已成为北方沿海海水养殖的重要对象。

14. 日本鱵 *Hemiramphus sajori* Temminck & Schlegel，1846

隶属脊椎动物门Vertebrata，硬骨鱼纲Osteichthyes，颌针鱼目Beloniformes，鱵科Hemiramphidae，鱵属*Hemiramphus*。体延长，圆柱状，略侧扁。上颌短，下颌延长成喙状。两颌仅相对部分具齿，齿细小，齿端具三峰。体被圆鳞。侧线位低。背鳍与臀鳍相对，在体后方。胸鳍位高。腹鳍

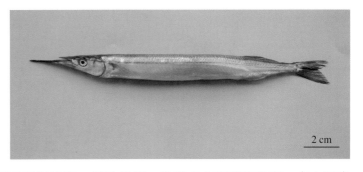

小，腹位。尾鳍叉形，下叶长于上叶。生活于近岸浅海。游泳敏捷，常跃出水面逃避敌害。在中国常分布于辽宁沿海及河北、山东沿海，国外常见于朝鲜、日本。

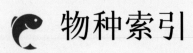 物种索引

A

近岸海水养殖池塘水生生物多样性图鉴
Illustrated Handbook of Species Diversity of Aquatic Organisms in Coastal Mariculture Ponds

K

L

M

P

R

S

主要参考文献

曹善茂,印明昊,姜玉声,2017.大连近海无脊椎动物[M].沈阳:辽宁科学技术出版社.

代田昭彦,1975.水产饵料生物学[M].恒星社厚生阁.

董聿茂,1982.中国动物图谱(甲壳动物 第一册)[M].2版.北京:科学出版社.

福迪,1980.藻类学[M].罗迪安,译.上海:上海科学技术出版社.

郭浩,2004.中国近海赤潮生物图谱[M].北京:海洋出版社.

韩茂森,束蕴芳,1995.中国淡水浮游生物图谱[M].北京:海洋出版社.

胡鸿钧,李尧英,魏印心,等,1980.中国淡水藻类[M].上海:上海科学技术出版社.

何志辉,1982.淡水生物学(上册)[M].北京:农业出版社.

蒋燮治,堵南山,1979.中国动物志——淡水枝角类[M].北京:科学出版社.

蒋燮治,沈韫芬,龚循矩,1983.西藏水生无脊椎动物[M].北京:科学出版社.

梁象秋,方纪祖,杨和荃,1996.水生生物学[M].北京:中国农业出版社.

李永函,赵文,2002.水产饵料生物学[M].大连:大连出版社.

刘建康,1999.高级水生生物学[M].北京:科学出版社.

刘瑞玉,1955.中国北部经济虾类[M].北京:科学出版社.

钱树本,刘东艳,孙军,2005.海藻学[M].青岛:中国海洋大学出版社.

宋伦,宋广军,2016.辽东湾浮游植物生态特征研究[M].沈阳:辽宁科学技术出版社.

束蕴芳,韩茂森,1992.中国海洋浮游生物图谱[M].北京:海洋出版社.

宋微波,1999.原生动物学专论[M].青岛:青岛海洋大学出版社.

宋微波,A沃伦,胡晓钟,2009.中国黄渤海的自由生纤毛虫[M].北京:科学出版社.

沈嘉瑞,1979.中国动物志——淡水桡足类[M].北京:科学出版社.

沈韫芬,1999.原生动物学[M].北京:科学出版社.

施之新,王全喜,谢淑莲,等,1999.中国淡水藻志(第六卷)裸藻门[M].北京:科学出版社.

王家楫,1961.中国淡水轮虫志[M].北京:科学出版社.

王晓波,2016.浙江近岸海域常见大型浮游动物[M].北京:海洋出版社.

魏印心,2003.中国淡水藻志(第七卷 第一册)[M].北京:科学出版社.

吴宝铃,孙瑞平,杨德渐,1981.中国近海沙蚕科研究[M].北京:海洋出版社.

向贤芬,虞功亮,陈受忠,2016.长江流域的枝角类[M].北京:中国科学技术出版社.

小久保清治,1960.浮游硅藻类[M].华汝成,译.上海:上海科学技术出版社.

杨世民,董树刚,2006.中国海域常见浮游硅藻图谱[M].青岛:中国海洋大学出版社.

杨世民,李瑞香,2013.中国海域甲藻扫描电镜图谱[M].北京:海洋出版社.

杨世民,李瑞香,董树刚,2014.中国海域甲藻Ⅰ(原甲藻目、鳍藻目)[M].北京:海洋出版社.

杨世民,李瑞香,董树刚,2016.中国海域甲藻Ⅱ(膝沟藻目)[M].北京:海洋出版社.

杨德渐,孙瑞平,1988.中国近海多毛环节动物[M].北京:农业出版社.

张武昌,丰美萍,于莹,等,2012.砂壳纤毛虫图谱[M].北京:科学出版社.

张武昌,于莹,肖天,2015.海洋浮游无壳寡毛类纤毛虫图谱[M].北京:科学出版社.

张素萍, 张均龙, 陈志云, 等, 2016. 黄渤海软体动物图志 [M]. 北京: 科学出版社.

张觉民, 何志辉, 1991. 内陆水域渔业自然资源调查手册 [M]. 北京: 农业出版社.

张春民, 1991. 海洋监测规范 [M]. 北京: 海洋出版社.

章宗涉, 黄祥飞, 1991. 淡水浮游生物研究方法 [M]. 北京: 科学出版社.

赵文, 2004. 水生生物学（水产饵料生物学）实验 [M]. 北京: 中国农业出版社.

赵文, 殷旭旺, 张鹏, 等, 2010. 中国盐湖生态学 [M]. 北京: 科学出版社.

赵文, 刘青, 张鹏, 等, 2014. 海洋桡足类的实验种群生态学及培养利用 [M]. 北京: 科学出版社.

赵文, 殷旭旺, 王珊, 2015. 盐水轮虫的生物学及海水培养利用 [M]. 北京: 科学出版社.

赵文, 2016. 水生生物学 [M]. 2 版. 北京: 中国农业出版社.

郑重, 李少菁, 许振祖, 1984. 海洋浮游生物学 [M]. 北京: 海洋出版社.

周凤霞, 陈建虹, 2011. 淡水微型生物与底栖动物图谱 [M]. 2 版. 北京: 化学工业出版社.

朱浩然, 朱婉嘉, 李尧英, 等, 1991. 中国淡水藻志（第二卷）色球藻纲 [M]. 北京: 科学出版社.

Platt T, Li W K W, 1986. William Photosynthetic Picoplankton[M]. Ottawa: Fisheries and Oceans.

Koste W, 1978. Rotatorria:Die Raedertiere Mitteleuropas[M]. Stuttgart:Gebruden Borntnagen.

Krammer K, Lange-Bertalot H, 2012. 欧洲硅藻鉴定系统 [M]. 刘威, 朱远生, 黄迎艳, 译. 广州: 中山大学出版社.

Omura T, Iwataki M, Borja V M, et al. , 2012. Marine Phytoplankton of the western Pacific[M]. Tokyo:Kouseisha Kouseikaku.

图书在版编目（CIP）数据

近岸海水养殖池塘水生生物多样性图鉴／赵文等著.
—北京：中国农业出版社，2021.8
ISBN 978-7-109-28165-3

Ⅰ.①近…　Ⅱ.①赵…　Ⅲ.①黄海-近海-海水养殖-
池塘养殖-水生生物-图谱②渤海-近海-海水养殖-
池塘养殖-水生生物-图谱　Ⅳ.①Q178.531-64

中国版本图书馆CIP数据核字（2021）第072640号

中国农业出版社出版

地址：北京市朝阳区麦子店街18号楼
邮编：100125
责任编辑：曾丹霞　文字编辑：韩　旭
版式设计：杜　然　责任校对：刘丽香　责任印制：王　宏
印刷：北京缤索印刷有限公司
版次：2021年8月第1版
印次：2021年8月北京第1次印刷
发行：新华书店北京发行所
开本：889mm×1194mm　1/16
印张：13.5
字数：406千字
定价：200.00元
